AF455586

CONSIDÉRATIONS

SUR LES

RACES D'ANIMAUX DOMESTIQUES

CONSIDÉRATIONS

SUR LES RACES

D'ANIMAUX DOMESTIQUES

PAR

LE VICOMTE REDON DE BEAUPREAU

PARIS

AUX BUREAUX DE LA *REVUE CONTEMPORAINE*

Rue Mazarine, 9

1860

Extrait de la Revue Contemporaine
(Livraisons des 15 et 31 juillet 1866)

CONSIDÉRATIONS

SUR LES

RACES D'ANIMAUX DOMESTIQUES

> Les progrès de l'agriculture doivent être l'objet de notre constante sollicitude, car c'est de son amélioration ou de son déclin que datent la prospérité ou la décadence des empires. (*Discours d'ouverture de la session législative de* 1858.)

PREMIÈRE PARTIE

La vogue est aux expériences agricoles, et celles qui ont pour objet l'amélioration des races d'animaux domestiques semblent être surtout en faveur. Ces goûts ont aujourd'hui pénétré dans toutes les classes. Ils se produisent sous des formes variées et quelquefois un peu singulières : on voit des gentilshommes datant des croisades qui vivent dans l'intimité de leurs bœufs et de leurs moutons ; il y a des étables qui ressemblent à des salons et où l'on exige des bouviers une tenue irréprochable. Nous possédons l'homme palmipède, qui rappelle le Diphile de Labruyère : « lui-même il est oiseau, il est huppé..... il rêve la nuit qu'il mue ou qu'il couve. » Il est trop lié avec ses canards pour les manger, et, en revanche, ils le dévorent. Mais si certaines révélations de ces goûts peuvent, par leur bizarrerie et leur excès, faire naître le sourire, ils se manifestent généralement d'une manière plus sérieuse et plus utile, et l'on sait que les exemples viennent de très haut. Sur ce terrain neutre on voit se réunir toutes les aristocraties, toutes les supériorités, tous les partis, tous les régimes, et l'on est quelquefois surpris et ému d'entendre proclamer, dans nos concours agricoles, les noms de lauréats qui, en d'autres temps, ont brillé d'un vif et rapide éclat, au milieu des luttes politiques et au pouvoir. C'est que les occupations champêtres seront toujours la distraction la plus puissante des affaires et le plus noble emploi de la retraite.

Si, chez quelques-uns, ces goûts excellents ne sont qu'une mode anglaise, ne nous en plaignons pas : c'est la compensation et l'antidote d'autres nouveautés d'origine britannique, que nous croyons moins heureuses et moins appropriées à notre génie national. Plût à Dieu que nous n'eussions emprunté aux Anglais que cet amour des champs et des animaux, seul vestige et seul souvenir *de la joyeuse Angleterre* du bon vieux temps (*old merry England*), que l'âge moderne ne se figure pas sans peine et qu'il rechercherait vainement aujourd'hui dans les mornes ateliers de Manchester ; seul souffle qui rafraîchisse encore cette société dont la vitalité semble si prodigieuse, à la surface, mais que rongent des plaies secrètes et insondables !

En France, le vent salubre qui souffle aussi de la campagne nous apporte de plus les saines et fécondes effluves de l'esprit militaire, dont elle a le secret et la garde : courant vivifiant et réparateur que le mécanisme du recrutement fait circuler, sans interruption, dans les veines du pays. C'est dans les champs que la France est née, qu'elle a grandi, qu'elle puise incessamment des forces et des inspirations nouvelles. C'est aussi par là, Virgile l'a dit dans des vers immortels, que Rome était devenue la reine du monde :

...... Sic fortis Etruria crevit
Scilicet et rerum facta est pulcherrima Roma.

Des champs était sortie cette vaillante noblesse qui fut, pendant tant de siècles, l'épée et le bouclier de la France, et, comme Antée, on n'a pu la vaincre qu'en l'arrachant de la terre. C'est des champs que sort l'armée, car l'armée ce sont les paysans, et les paysans c'est la vieille France, c'est la Gaule de César, toujours en armes et en marche, toujours prête à porter aux quatre points cardinaux sa verve sympathique et sa passion guerrière. Ce fut toujours l'honneur de cette terre des Gaules que les soldats y poussent avec le blé :

Salve ! magna parens frugum.....
Magna virûm !....

Oui, la glèbe peut seule donner ces moissons inépuisables d'hommes robustes et allègres, rompus d'avance à toutes les fatigues, à toutes les privations, endurcis à toutes les intempéries; dont les puissants poumons n'ont jamais aspiré qu'un air pur; qui croient à Dieu et à la famille; qui ont été pliés, dès l'enfance, au respect et à l'obéissance, habitués à se contenter de peu et à souffrir, à s'entr'aider les uns les autres, en un mot tout prêts pour la marche et le bivouac :

..... Patiens operum exiguoque assueta juventus.

Ce n'est pas dans l'atmosphère infecte des manufactures, où l'âme s'étiole et se détruit autant que le corps, que se seraient trouvées les quatorze armées de la république, ni celles que Napoléon Ier a conduites dans toutes les capitales de l'Europe; c'est de nos sillons que ces armées avaient jailli. Si, comme on l'a dit éloquemment, la France est un soldat, c'est quelle est un laboureur, et plaise à Dieu qu'on ne réussisse jamais à en faire un marchand[1] !

Nous croyons, en conséquence, que tout ce qui touche à l'agriculture, tout ce qui peut reporter les esprits vers la vie rurale et en inspirer le goût se lie étroitement non-seulement à la prospérité matérielle, mais à la grandeur morale du pays. Une déclaration solennelle émanée du trône, à l'ouverture d'une des dernières sessions législatives, prouve suffisamment que le gouvernement de l'empereur place les intérêts de cet ordre au-dessus de tous les autres et le Corps législatif, où la propriété terrienne est largement représentée, se montre avec raison très préoccupé des questions agricoles. Parmi celles qui reviennent chaque année et qui sont débattues avec le plus de vivacité, sont les questions relatives à l'administration des haras, à la production des chevaux et à l'emploi du *pur sang* comme reproducteur. Or, il nous a semblé que, jusqu'à présent, ces discussions étaient empreintes d'une confusion regrettable, qu'elles portaient souvent sur des points depuis longtemps résolus par l'expérience dans d'autres pays, et qu'elles manquaient d'une base solide parce qu'on ne tenait pas suffisamment compte de faits qui sont familiers au moindre fermier anglais comme à l'Arabe le plus ignorant.

Nous avons cru dès lors qu'il n'était pas besoin de plus d'auto-

[1] Cette fusion intime et sublime du laboureur et du soldat n'a jamais eu d'expression plus vraie ni plus touchante que dans une lettre écrite, pendant la dernière guerre d'Italie, par un jeune conscrit de la Sologne, et publiée par le *Journal du Loiret*. Nous ne résistons pas au désir d'en citer quelques lignes :

« Monsieur V....., je vous prie de me dire si vos seigles et vos froments, ainsi que vos prairies artificielles, ont bien réussi; si c'est beau et bien venu, ça me fera plaisir d'apprendre comment vous aurez fait la moisson; car, tout en marchant à l'ennemi, je n'oublie pas le pays..... »

rité que nous n'en possédons pour appeler l'attention sur des faits dès longtemps vulgarisés hors de France, ne fût-ce que pour les soumettre à la vérification et à la controverse d'hommes plus compétents et qui ont les moyens de les expérimenter. La gravité des intérêts engagés dans ces questions suffira, nous l'espérons, pour faire absoudre la témérité avec laquelle nous les abordons, sans pouvoir présenter à l'appui de nos idées aucun résultat réalisé par nous-même ni aucun bagage scientifique. Nous aurons à dire bien peu de choses que d'autres n'aient dites avant nous et mieux que nous. Mais n'ayant négligé aucune occasion d'observer, ayant recueilli avec soin, par curiosité et par goût, tout ce qu'il nous a paru jeter quelque lumière sur ces questions délicates, nous avons cru pouvoir, malgré notre insuffisance, exposer le fruit de ces observations et de ces recherches désintéressées de toute prétention théorique ou pratique.

I

Les classifications du règne animal ont beaucoup varié depuis Aristote, et longtemps encore des découvertes nouvelles viendront troubler et dérouter les nomenclatures. D'ailleurs, les rapports et les différences d'organisation ou de forme, sur lesquels sont fondées les classifications scientifiques, prennent plus ou moins d'importance, suivant les époques et les systèmes. Mais à part ces distinctions abstraites et plus ou moins arbitraires, les animaux sont divisés *de fait* en autant de groupes à jamais séparés qu'il existe de collections d'individus capables, en s'accouplant entre eux, de se reproduire dans une succession d'autres individus. Ces groupes forment ce qu'on a nommé *les espèces.*

Buffon dit à ce sujet, dans l'histoire naturelle de l'âne : « C'est dans la diversité caractéristique des espèces que les intervalles des nuances de la nature sont le plus sensibles et le mieux marqués ; on pourrait même dire que ces intervalles entre les espèces sont les plus égaux et les moins variables de tous, puisqu'on peut toujours tirer une ligne de séparation entre deux espèces, c'est-à-dire entre deux successions d'individus qui se reproduisent et ne peuvent se mêler, comme l'on peut aussi réunir en une seule espèce deux successions d'individus qui se reproduisent en se mêlant. Ce point est le plus fixe que nous ayons en histoire naturelle, toutes les autres ressemblances et toutes les autres différences que l'on pourrait saisir dans la comparaison des êtres, ne seraient ni si réelles ni si constantes..... »

Cette faculté de reproduction à l'infini est donc le caractère distinctif de *l'espèce ;* si des individus d'espèces différentes peuvent produire ensemble, l'être résultant de cette union est infécond et l'on voit dès lors que d'animaux d'espèces différentes ne peut procéder une succession d'individus [1].

Ainsi l'espèce constitue la seule division du règne animal qui soit effective et réelle, qui soit établie par la nature et indépendante des systèmes.

Buffon dit encore dans l'histoire naturelle de l'âne : « .....Ce n'est ni le nombre, ni la collection des individus semblables qui fait l'espèce, c'est la succession constante et le renouvellement non interrompu de ces individus qui la constitue ; car un être qui durerait toujours ne ferait pas une espèce, non plus qu'un million d'êtres semblables qui dureraient aussi toujours : l'espèce est donc un mot abstrait et général dont la chose n'existe qu'en considérant la nature dans la succession du temps et dans la destruction constante et le renouvellement tout aussi constant des êtres : c'est en comparant la nature d'aujourd'hui à celle des autres temps et les individus actuels aux individus passés que nous avons pris une idée nette de ce que l'on appelle *espèce*, et la comparaison du nombre ou de la ressemblance des individus n'est qu'une idée accessoire et souvent indépendante de la première ; car l'âne ressemble au cheval plus que le barbet au lévrier, et cependant le barbet et le lévrier ne sont qu'une même espèce, puisqu'ils produisent ensemble des individus qui peuvent eux-mêmes en produire d'autres ; au lieu que le cheval et l'âne sont certainement de différentes espèces, puisqu'ils ne produisent ensemble que des individus viciés et inféconds. »

De ce qui précède, il résulte que des individus même dissemblables sont de la même espèce, à la seule condition de produire ensemble des individus capables de se reproduire, et l'on est en droit de s'étonner que Buffon, dans le même article, définisse l'espèce : « Une succession constante d'individus *semblables* et qui se reproduisent. » Il semble que pour rester d'accord avec lui-même, il devait se contenter de dire : « Une succession constante d'individus qui se reproduisent. »

Maintenant, lorsqu'entre les individus de la même espèce il existe une succession constante d'individus semblables, ils se distinguent, par cette circonstance, des autres individus de l'espèce et forment ce qu'on appelle une variété ou une race : et si l'on définit l'espèce : *Une succession constante d'individus qui se reproduisent*, on pourra

[1] Au moins dans la classe des mammifères, la seule dont nous nous occuperons.

définir la race : *Une succession constante d'individus semblables de la même espèce.*

Si tous les individus d'une espèce vivaient dans les mêmes conditions, il n'y aurait pas de raison pour qu'ils fussent dissemblables, pour que l'espèce se divisât en races. La race est le résultat de la différence des lieux, des climats, de la nourriture et des autres conditions générales de l'existence. Les animaux sauvages d'une même espèce habitant une même contrée diffèrent de ceux qui vivent dans un autre milieu, mais sont tous semblables entre eux par la couleur, par la taille, par la forme, parce qu'ils vivent tous dans des conditions identiques, — de là la race. Les mêmes causes produisent des effets analogues sur les espèces domestiques. Seulement, dans ce cas, le régime, l'éducation et le travail auxquels les individus sont soumis n'étant pas les mêmes pour tous, ils diffèrent plus entre eux par la couleur, par la taille, par la forme, par les qualités, que dans l'état de nature.

Nous avons vu comment les races se forment, avec le temps, sous l'influence des causes physiques qui affectent le mode général d'existence des individus. Peut-on créer une race de *toutes pièces*, ou la modifier à volonté, en agissant directement sur la génération? Telle est la question qu'il s'agit de résoudre. Pour atteindre le but proposé, deux procédés se présentent à l'esprit, savoir : le croisement et le choix des accouplements dans une race donnée. Nous examinerons successivement ces deux procédés, sous les rapports théorique et pratique.

II

Buffon dit à l'article du cheval : « Il y a dans la nature un prototype général dans chaque espèce, sur lequel chaque individu est modelé, mais qui semble, en se réalisant, s'altérer ou se perfectionner par les circonstances, en sorte que, relativement à de certaines qualités, il y a une variation bizarre en apparence dans la succession des individus, et, en même temps, une constance qui paraît admirable dans l'espèce entière. Le premier animal, le premier cheval, par exemple, a été le modèle extérieur et le moule intérieur sur lequel tous les chevaux qui sont nés, tous ceux qui existent et tous ceux qui naîtront, ont été formés. Mais ce modèle, dont nous ne connaissons que les copies, a pu s'altérer ou se perfectionner, en communiquant sa forme et en se multipliant ; l'empreinte originaire subsiste en son entier dans chaque individu ; mais quoiqu'il y en ait des milliers, aucun de ces individus n'est cependant semblable en tout à un autre individu, ni, par conséquent, au modèle dont il porte l'empreinte. »

Si toute espèce doit être rapportée à un prototype originaire, il en résulte que l'unité est l'essence même de l'espèce. Pour que cette unité soit maintenue, en d'autres termes, pour que l'espèce subsiste, il faut que l'unité du prototype existe dans chaque individu chargé de la reproduire.

Voici comment, au moyen de cette loi, on pourrait expliquer la stérilité des mulets. Pourquoi, ainsi que le remarque Buffon déjà cité par nous, le barbet et le lévrier produisent-ils ensemble des individus qui peuvent eux-mêmes en produire d'autres, au lieu que le cheval et l'âne ne produisent ensemble que des individus viciés et inféconds? C'est que, toujours d'après Buffon, quoique le modèle originaire du chien se soit altéré dans le lévrier et le barbet, de manière à les faire paraître très dissemblables, *l'empreinte originaire subsiste en son entier dans chaque individu*, parce que ces altérations se sont produites sans sortir de l'espèce, sans qu'on ait cessé d'accoupler des individus de la même espèce. En conséquence, quand le lévrier et le barbet s'accouplent, chacun d'eux apporte en lui le même prototype et le transmet au produit qui est habile à le transmettre à son tour et à reproduire l'espèce : et cela est vrai et se passe ainsi, malgré les altérations profondes que l'on remarque dans la manifestation extérieure de ce prototype.

Mais quand deux individus d'espèces différentes s'accouplent, le résultat de cette union représente à la fois deux espèces, ou plus exactement n'en représente aucune, puisque, sans un prototype unique, il n'y a pas d'espèce. On serait dès lors conduit à cette conclusion que si les mulets sont inféconds, c'est qu'ils ne portent pas en eux et ne peuvent, en conséquence, transmettre ce prototype originaire et unique, dont la communication semble être le point de départ et la condition essentielle de toute reproduction. Ainsi, l'unité n'est pas seulement l'essence, mais encore la garantie de l'existence des espèces. Car s'il était donné aux individus issus d'espèces différentes de produire ensemble, la ligne de démarcation qui sépare les espèces serait supprimée ; il n'y aurait plus d'espèces dans la nature, mais seulement des familles animales pouvant indéfiniment s'allier, et dont les types tendraient aussi à se rapprocher à l'infini.

Tout en admettant pour notre compte le système de Buffon, nous ne nous dissimulons pas ce qu'il peut y avoir de trop abstrait, d'hypothétique et de contestable pour l'esprit, dans l'idée de ce prototype unique qui existerait, à la fois, à l'état théorique et, en quelque sorte, latent, chez deux individus aussi dissemblables qu'un lévrier et un barbet. Mais pour arriver aux mêmes conclusions, il nous semble qu'il suffit de reconnaître, en fait, que la nature a divisé les animaux en groupes jouissant respectivement, et séparément les uns des autres, de la faculté de se reproduire à l'infini. Il en résulte virtuellement que l'existence de cette faculté de reproduction chez l'individu suffit pour la constatation de l'espèce : et quand deux individus, quel que soit leur degré de similitude, peuvent produire entre eux un être fécond lui-même, ils appartiennent nécessairement à la même espèce, c'est-à-dire au même groupe, puisque la nature n'a séparé les groupes qu'en renfermant dans chacun d'eux cette faculté de reproduction à l'infini.

Le système de Buffon nous paraît d'ailleurs s'appliquer plus aisément aux races qu'aux espèces. En effet, d'après ce qui a été établi plus haut, pour qu'il y ait race, il ne suffit pas que les individus qui la composent se reproduisent entre eux à l'infini, il faut, de plus, que, dans cette succession d'individus procédant les uns des autres, il existe une ressemblance constante. Dès lors, l'esprit accepte sans difficulté l'idée d'un prototype unique existant chez les auteurs de la race.

L'individu dont le père et la mère appartiennent à deux races différentes *est de demi-sang*, *de sang-mêlé* ou *métis*. Il est à la race ce que le mulet est à l'espèce.

L'individu de demi-sang, étant né de deux individus qui appartiennent à la même espèce, possède et représente lui-même l'unité de l'espèce, et, en conséquence, il la reproduit, il est fécond. — Mais étant le produit de deux races différentes, il ne représente pas, et dès lors est inhabile à reproduire *une* race. En d'autres termes, il a sa valeur comme individu de l'*espèce* ; il peut même tirer une valeur particulière de la combinaison des deux races qui l'ont produit, mais il ne peut transmettre, d'une manière constante, cette valeur individuelle, parce qu'elle ne représente pas le prototype d'une seule race.

Les principes que nous venons de déduire sont d'ailleurs applicables dans tous les croisements, quelles que soient les combinaisons et quelle que soit la proportion dans laquelle les deux races interviennent respectivement, car, dans tous les cas, l'unité de race est rompue, et nous croyons démontré, par ce qui précède, que la race est *une* ou n'est pas. D'où il suit que le produit de tout croisement, provenant de deux races, n'en possède, n'en représente et par conséquent ne peut en reproduire aucune, au moins d'une manière régulière et constante. Nous verrons plus tard que ces déductions de la théorie sont confirmées par la pratique et l'observation.

Pour reconnaître ce qui se passe, dans le cas du croisement, nous sommes conduits à rechercher d'abord quelle est la part respective du mâle et de la femelle dans le produit. Cette question si délicate et d'un si haut intérêt, comme toutes celles qui touchent aux mystères de la génération, paraît avoir beaucoup préoccupé le grand naturaliste que nous citions au début de ce travail : il y est revenu dans plusieurs parties de ses ouvrages et après beaucoup d'hésitations, de tâtonnements, de contradictions d'autant plus remarquables qu'elles ne portent pas seulement sur ses déductions, mais sur la constatation même des faits, il a fini par conclure : que le mâle influe beaucoup plus que la femelle sur la forme extérieure du produit, et qu'il est le véritable type des races dans chaque espèce (*Supplément à l'histoire des animaux quadrupèdes*). Le procédé par lequel Buffon s'est formé cette opinion est fondé sur cette idée que, si l'on examine le produit de deux individus de la même espèce, la part respective du mâle et de la femelle sera difficile à saisir et pourra être l'objet d'appréciations diverses, en raison de la ressemblance normale qui existe entre eux, mais que si l'on accouple deux individus appartenant à deux espèces différentes assez voisines pour produire ensemble, assez dissemblables pour ne pouvoir être confondues, il sera plus aisé de discerner, à l'inspection du produit, la part respective du mâle et de la femelle.

Nous ne nous arrêterons pas aux expériences faites ou rapportées par Buffon dans cet ordre d'idées, parce que, ainsi qu'il le reconnaît lui-même, elles n'ont pas été poussées assez loin pour constituer des résultats scientifiques. Mais le fait sur lequel il se fonde pour émettre l'opinion énoncée plus haut a pu être observé de toute antiquité : il s'agit de la production des mulets par l'accouplement de l'âne avec la jument et du cheval avec l'ânesse. Dans le premier cas on obtient le grand mulet, ou mulet proprement dit; dans le second cas, le bardeau (*hinnus*). Buffon comparant ces deux produits s'exprime ainsi (*Supplément à l'histoire des animaux quadrupèdes, des mulets*) : « Le bardeau est beaucoup plus petit que le mulet; il paraît donc tenir de sa mère, l'ânesse, les dimensions du corps; et le mulet, beaucoup plus grand et plus gros que le bardeau, les tient également de la jument sa mère. La grandeur et la grosseur du corps paraissent donc dépendre plus de la mère que du père dans les espèces mélangées. Maintenant, si nous considérons la forme du corps, ces deux animaux vus ensemble paraissent être d'une figure différente. Le bardeau a l'encolure plus mince, le dos plus tranchant, en forme de dos de carpe, la croupe plus pointue et avalée ; au lieu que le mulet a l'avant-main mieux faite, l'encolure plus belle et plus fournie, les côtes plus arrondies, la croupe plus pleine et la hanche plus unie. Tous deux tiennent donc plus de la mère que du père, non-seulement pour la grandeur, mais aussi pour la forme du corps. Néanmoins il n'en est pas de même de la tête, des membres et des autres extrémités du corps : la tête du bardeau est plus longue et n'est pas si grosse à proportion que celle de l'âne, et celle du mulet est plus courte et plus grosse que celle du cheval. Ils tiennent donc par la forme et les dimensions de la tête plus du père que de la mère ; la queue du bardeau est garnie de crins, à peu près comme celle du cheval ; la queue du mulet est presque nue comme celle de l'âne : ils ressemblent donc encore à leur père par cette extrémité du corps. Les oreilles du mulet sont plus longues que celles du cheval, et les oreilles du bardeau sont plus courtes que celles de l'âne : ces autres extrémités du corps appartiennent donc aussi plus au père qu'à la mère. Il en est de même de la forme des jambes : le mulet les a sèches comme l'âne, et le bardeau les a plus fournies : tous deux ressemblent donc par la tête, par les membres et par les autres extrémités du corps, beaucoup plus à leur père qu'à leur mère. »

Lorsqu'on accouple ensemble deux individus d'espèces différentes, représentant chacun un prototype distinct, on sait d'avance qu'on ne peut obtenir la reproduction exclusive de l'un ou l'autre prototype et que le produit sera nécessairement mixte : qu'en conséquence la double expérience que nous avons supposée ne peut donner ni un cheval ni un âne, mais seulement un animal intermédiaire, ressemblant plus ou moins au cheval ou à l'âne. Dès lors, sans s'arrêter aux détails de la comparaison précitée dont quelques points pourraient être appréciés diversement suivant les observateurs et les sujets, il suffit de constater un fait général qui ne peut être contesté par quiconque a vu le grand mulet et le bardeau, c'est que chacun d'eux ressemble à son père plus qu'à sa mère et a la taille de sa mère. Si ce fait est admis, n'est-on pas en droit d'en conclure d'une manière générale, en donnant une forme plus précise à la pensée de Buffon, que dans l'œuvre de la génération, le mâle fournit le type, et la femelle ce que nous appellerons la masse organisée?

A cet ordre d'observations on peut en ajouter un autre qui nous semble de nature à jeter quelque lumière sur le sujet qui nous occupe. Quoique chez les mammifères, toute gestation soit le résultat d'une fécondation spéciale, on ne peut nier, dans certains cas, que l'action du mâle ne se manifeste sur les gestations suivantes auxquelles il est resté étranger. On sait, par exemple, que les juments qui ont fait des mulets donnent ensuite, avec le cheval, des produits qui ressemblent plus ou moins au mulet. Cette influence rétrospective de l'âne sur l'espèce chevaline [1] est sensible dans tous les pays

[1] Nous nous conformons à l'usage en employant le mot *chevaline*, mais il nous semble

où la production de mulets est ancienne et répandue. Nous lisons dans un ouvrage important, intitulé *Étude de nos races d'animaux domestiques et des moyens de les améliorer*, par J.-H. Magne, professeur d'agriculture et d'hygiène à l'école impériale vétérinaire d'Alfort : « En voyant en Afrique un très grand nombre de chevaux ressemblant au mulet par leur croupe inclinée, peu charnue, leurs lombes relevés, leurs oreilles fortes et leur sobriété, nous nous demandions s'ils ne provenaient pas de juments fécondées d'abord par un baudet. Les juments qui ont fait des mules, font ensuite des *chevaux-mules*, nous disait, en 1845, un paysan du Poitou. » On pourrait peut-être attribuer à la même origine les formes de mulet si caractéristiques de l'ancienne race limousine. M. Magne cite plusieurs faits analogues très curieux ; nous nous bornerons à lui emprunter le suivant : « Une jument arabe, fécondée par un couagga, fit, en 1815, un mulet rayé comme le père ; on la fit saillir ensuite par un étalon noir et, au grand désappointement du propriétaire, elle fit un poulain tigré [1], ressemblant plus au couagga qu'à son père. On la fit porter de nouveau et elle donna plusieurs produits ressemblant, quoique à un moindre degré, au mâle qui l'avait une fois fécondée. » Dans les exemples que nous avons rapportés, n'est-ce pas une première empreinte qui reparait sous une seconde ? et peut-on soupçonner l'auteur de cette première empreinte d'avoir apporté autre chose, c'est-à-dire une part quelconque de la masse organisée dans la seconde génération, puisqu'il n'y est pas intervenu activement ? Dira-t-on qu'une part quelconque du produit, considéré au point de vue de la masse organisée, a pu être fournie par le deuxième mâle qui est intervenu dans l'acte de la génération ? Mais s'il était démontré par ce qui précède qu'une part quelconque de l'empreinte ou du type donné au produit pût provenir du mâle, sans même qu'il intervînt activement, et dès lors, sans qu'il pût fournir une portion quelconque de la masse organisée, ne serait-on pas fondé à supposer qu'il n'en fournit pas davantage lorsqu'il intervient dans l'acte ? La puissance reproductrice et le rôle respectif du mâle et de la femelle sont indivisibles et invariables : ils ne peuvent s'exercer partiellement ni différemment, suivant les cas. Si donc il est prouvé que, dans un cas donné, le mâle n'a pas pu fournir autre chose que l'empreinte ou le type, il semble que ce fait suffise pour déterminer et délimiter, dans tous les cas, sa participation [2], et s'il était démontré que le mâle fournit le type et ne fournit

qu'on devrait dire l'espèce *cabaline*, du latin *caballus*, comme on dit l'espèce *asine* d'*asinus*, *bovine* de *bos*, *ovine* d'*ovis*, *porcine* de *porcus*.

[1] C'est-à-dire *rayé*, comme le tigre du Bengale, le zèbre et le couagga.

[2] On remarquera d'ailleurs que nous entendons laisser en dehors de la question ce

pas autre chose, il en résulterait implicitement que la femelle fournit la masse organisée.

De ce qui précède, nous ne prétendons pas conclure que le produit ne puisse et ne doive, dans la forme générale, ressembler plus ou moins à la mère[1]; — et comment en serait-il autrement, quand c'est elle qui fournit le moule et la substance, avant et après la conception, et même après la naissance? Mais nous admettons en principe que ce qui constitue le type de l'espèce et de la race vient du père et nous ne croyons pas qu'il coopère d'une manière appréciable à la formation de la masse organisée. Cette loi ne peut-elle pas d'ailleurs être rattachée à l'action respective du mâle et de la femelle, dans l'œuvre de la génération, où le mâle n'intervient qu'instantanément pour féconder un germe préexistant dans la femelle, et où celle-ci demeure chargée de développer lentement ce germe aux dépens de sa propre substance?

Maintenant de ce que, dans le produit, la femelle apporte seulement la masse organisée, faut-il déduire que l'unité de la race réside exclusivement dans le mâle, et que le produit sera le même et représentera également l'unité de la race, quelle que soit la femelle, pourvu que le mâle soit de race pure? Ce serait, nous le croyons, une grave erreur.

En effet, l'unité de la race réside dans l'ensemble de l'organisme, et comprend la matière aussi bien que le type du produit. En conséquence, si, dans son union avec le mâle de race pure, la femelle de race pure n'apporte pas plus, comme *quantité*, que la femelle de sang mêlé, elle apporte plus comme *qualité*. L'unité de la race réside en elle aussi bien que dans le mâle; sa part dans la reproduction de la race est égale à celle du mâle, seulement elle est différente. La femelle fournit la matière que le mâle est chargé de mettre en œuvre. Or, quelle que soit la mise en œuvre, si la matière est grossière, le produit doit s'en ressentir. Si vous donnez de l'argile à l'ouvrier, vous ne pouvez lui demander de vous rendre du marbre. De ce qui précède, il résulte que, pour reproduire la race, il n'est pas moins nécessaire que la femelle soit de race pure que le mâle. Il est également possible d'en déduire ce qui se passe, dans l'accouplement d'un individu de race pure, avec tout autre individu, suivant que l'individu de race pure est mâle ou femelle. En effet, dans le premier cas, le mâle de race pure dépositaire du type, en transmet nécessairement au produit la part que comporte la coopération de la femelle, ou, comme nous l'avons dit, la qualité de la matière fournie par la femelle; en

qui concerne le tempérament, le caractère et l'instinct, pour lesquels il nous paraît plus difficile encore de délimiter la part respective du mâle et de la femelle dans le produit.

[1] Surtout si elle a été fécondée antérieurement par un mâle de sa race.

conséquence, toutes les fois que le mâle sera de race pure, et quelle que soit la femelle, on reconnaîtra dans le produit un certain degré de race qu'on pourra déterminer d'après une loi constante. Dans le second cas, où c'est la femelle qui est de race pure et où le mâle est de sang mêlé, celui-ci ne peut transmettre un type dont il n'est pas dépositaire, et, comme au mâle seul il appartient de transmettre le type, l'empreinte manquera au produit et il n'aura aucun degré de race appréciable et normale, malgré la noblesse de la mère. Ce sera, pour suivre l'image que nous avons hasardée plus haut, un marbre précieux livré à un ouvrier sans mérite et dont il ne sort qu'une œuvre informe. En d'autres termes, lorsque le mâle seul est de race pure, il en transmet toujours une part au produit, et d'après des lois constantes, parce qu'il représente le principe actif de la génération. Lorsque c'est la femelle qui est seule de race pure, elle n'en transmet aucune part appréciable et normale au produit, parce qu'elle représente un principe éminemment passif, qui ne peut rien par lui-même. On ne peut donc obtenir un résultat déterminé dans le croisement, quelle que soit la mère, qu'à la condition d'employer un étalon de pure race.

Cela établi, et en supposant cette condition remplie, il nous a paru utile de rechercher la loi qui détermine la part de race dévolue au produit, en raison du degré de race possédé par la mère : et nous proposons ici les formules très simples au moyen desquelles on peut se rendre compte des résultats suivant les cas.

Nous exprimons la race ou le pur sang par 1. Nous supposons d'abord que le père et la mère sont de pure race. Ils auront donc chacun 1 sang ; mais le produit, dans ce cas, ne pouvant être que de race pure, il aura aussi 1 sang, d'où il suit que le père et la mère lui ont donné chacun 1/2 sang. Maintenant, soit 1 le sang du père, A le sang de la mère, X le sang du produit, il résulte de ce qui précède que :

$$X = \frac{1}{2} + \frac{A}{2} = \frac{1 + A}{2}$$

C'est-à-dire que le sang du produit se compose : 1° d'une partie fixe et invariable, donnée par le mâle de race pure et qui est le demi-sang ; 2° d'une partie de sang proportionnelle au degré de sang de la mère et qui est la moitié du sang de la mère.

Appliquant la formule énoncée ci-dessus et supposant toujours que le sang du mâle soit exprimé par 1, nous trouvons qu'il donne :

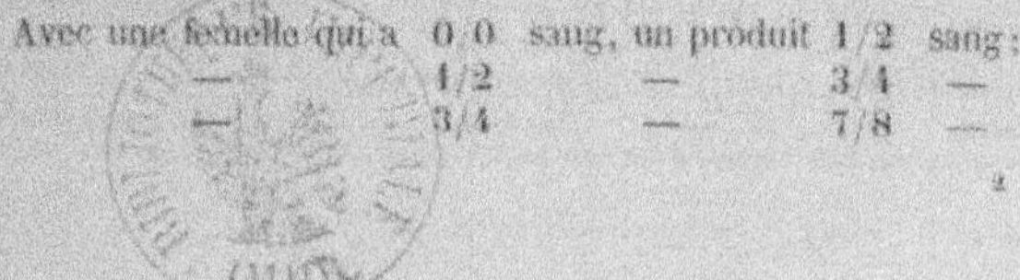

Avec une femelle qui a	0/0	sang, un produit	1/2	sang ;
—	1/2	—	3/4	—
—	3/4	—	7/8	—

Avec une femelle qui a	7/8 sang,	un produit	15/16 sang ;
—	15/16	—	31/32 —
—	31/32	—	63/64 —

et ainsi de suite indéfiniment.

On voit qu'étant donnée la fraction qui exprime le rapport du sang de la mère au pur sang, en additionnant, d'une part, le numérateur et le dénominateur et en doublant, d'autre part, le dénominateur, l'on obtient les deux termes de la fraction qui exprime le rapport du sang du produit au pur sang, en d'autres termes, la distance qui le sépare de la race pure.

On remarque, en second lieu, en comparant les résultats des opérations successives que nous avons supposées, que le sang du produit s'accroît graduellement de 1/2, 1/4, 1/8, 1/16, 1/32, 1/64; c'est-à-dire que cet accroissement est moindre de moitié, à chaque croisement, à mesure qu'on se rapproche du pur sang ; que, d'autre part, l'accroissement du sang continue ainsi indéfiniment, sans jamais atteindre le pur sang représenté par l'unité.

Les chiffres qui précèdent ne donnent pas seulement les moyens de constater à l'avance, par des opérations simples et rapides, le résultat de tout accouplement, pourvu qu'on emploie l'étalon de race pure ; ils nous semblent jeter un nouveau jour sur la question qui nous occupe, en confirmant avec une rigueur mathématique les conclusions auxquelles nous étions arrivés par une autre voie ; savoir, que, par le croisement au moyen de l'étalon de race pure, on peut obtenir des produits qui se rapprochent plus ou moins de la race pure, mais qu'on ne l'atteint jamais ; qu'en d'autres termes, le croisement ne peut jamais aboutir à l'unité qui constitue une race. Nous devons néanmoins ajouter quelques éclaircissements à ces conclusions pour empêcher qu'on ne leur donne une portée qui irait au delà de notre pensée.

En premier lieu, lorsqu'une race est transportée d'un pays dans un autre, quelques modifications qu'elle subisse par l'effet de cette transplantation, nous y voyons moins la formation d'une race nouvelle, que la continuation d'une race dans des conditions nouvelles. En conséquence, nous n'entendons pas interdire l'accouplement d'individus appartenant à des races nominalement différentes et qui habitent actuellement des contrées différentes, mais dont l'origine est commune. Cet accouplement, lorsque la séparation dont il s'agit date d'une époque reculée, peut donner des résultats plus ou moins satisfaisants, mais il ne saurait être considéré comme rompant l'unité de la race, puisqu'il la fait seulement remonter à sa source.

En second lieu, dans l'examen des questions ardues et délicates qui nous occupent, il importe de ne jamais perdre de vue, que nous recherchons seulement quelle est la part d'influence laissée à l'homme sur les races animales. Il ne convient à notre ignorance ni de sonder tous les secrets de la nature ni de poser des bornes à son pouvoir. Ce qu'il n'appartient pas à l'homme de faire *à priori*, et de toutes pièces, est peut-être possible à la nature, parce qu'elle est éternelle. En conséquence, nous ne voudrions pas répondre que certaines races très anciennes ne soient sorties d'un croisement dont le souvenir est antérieur à la mémoire des hommes et dont la trace s'est effacée par l'action du temps. Il ne nous paraît pas impossible que, à la suite d'une longue série de siècles, le plus actif des deux éléments intervenus dans ce croisement originaire puisse éliminer l'autre ou qu'ils finissent par se combiner et se fondre, de manière à reproduire un type assez constant pour constituer une race. Si elle ne possède pas l'unité mathématique qui, théoriquement, est la condition essentielle de son existence, ce vice radical serait alors corrigé par l'action du temps, qui aurait fini par fixer la combinaison des deux éléments primitifs et par en cristalliser en quelque sorte le résultat. L'homme doit accepter comme des faits accomplis de pareilles anomalies quand il les rencontre, quelque mystérieuses qu'en soient les causes, mais il ne lui appartient pas de les reproduire, et, le plus sûr pour lui, est de se conformer aux lois générales de la nature, ou du moins à ce qu'il parvient à en connaître[1].

Après avoir déduit celles qui nous paraissent présider à la formation des races animales, nous avions besoin de faire ces réserves pour ne pas encourir le reproche de poser des principes trop absolus et trop étroits dans une matière où la théorie, nous aimons à le reconnaître, n'a de valeur qu'autant qu'elle est d'accord avec l'observation et avec la pratique.

Nous n'ignorons pas d'ailleurs que le système que nous avons exposé, sur la part respective du mâle et de la femelle dans le produit, est encore vivement contesté. Ainsi, M. Magne, auteur d'un ouvrage important sur la matière, que nous avons déjà cité, se refuse à reconnaître comme constant le fait signalé par Buffon, quant à la production des mulets issus de l'âne et du cheval. Il ajoute que

[1] On a été plus loin, et l'on a contesté la séparation originelle des espèces elles-mêmes. Les questions ardues que soulève cet ordre d'idées ne nous paraissent pas de nature à affecter les principes que nous exposons et qui sont fondés sur le fait incontestable de la séparation actuelle des espèces chez les mammifères. Nous n'avons donc pas à nous occuper de ces questions et nous nous bornons à mentionner l'ouvrage qui a été publié à Londres, en 1859, *sur l'Origine des espèces*, par Charles Darwin, et qui a fait l'objet d'un article remarquable de la *Revue Contemporaine*, dans sa livraison du 15 [illegible] dernier.

« des observations faites sur toutes les espèces démontrent que les deux sexes exercent, dans les circonstances ordinaires, une influence à peu près égale. »

En ce qui touche les différences et la constance respective des résultats obtenus, quand on accouple, d'une part, l'âne et la jument, d'autre part, le cheval et l'ânesse, nous pourrions hésiter, en dépit de nos observations personnelles, à soutenir le fait contre une autorité aussi compétente, si nous nous fondions nous-même sur une autorité moins haute que celle de Buffon et si la vérification de ce fait n'était à la portée de tout le monde. Mais tout en maintenant son exactitude, nous ne croyons pas qu'il soit indispensable à la démonstration des principes que nous avons adoptés. Sans revenir sur les raisonnements ni sur les chiffres d'où nous avons déduit ces principes, il suffit d'observer les résultats de leur application partout où elle a eu lieu, et notamment en Angleterre, où ils forment la base même de tout le système hippique depuis plus de deux siècles. En effet, à part le gros trait et quelques autres races spéciales, comment y obtient-on ces chevaux de service, si variés de taille et de formes, et si bien appropriés à tous les usages, l'attelage, la chasse, la promenade? Toujours en donnant à l'étalon de pur sang des juments communes ou ayant un certain degré de sang. Ainsi, à une époque dont les hommes de notre âge peuvent se souvenir, et où la chasse n'était pas encore devenue, en Angleterre, une course de vitesse exigeant l'emploi de chevaux de pur sang ou à peu près, comment obtenait-on les plus beaux et les meilleurs de ces *hunters* (chevaux de chasse) célèbres dans toute l'Europe? En important en Angleterre et en donnant à l'étalon de pur sang des juments boulonnaises, choisies parmi les plus lestes dans cette race de trait, si remarquable par la beauté de ses formes et son énergie. C'est par ce procédé que, dans le produit, on réunissait à l'ampleur des formes de la mère la distinction et la légèreté du père. Des expériences analogues, qui peuvent être et sont faites tous les jours, donnent des résultats quelquefois admirables, toujours satisfaisants et conformes aux faits que nous avons exposés plus haut, suivant q e la femelle est plus ou moins rapprochée de la race pure, et aussi, il faut le reconnaître, d'après le tact et le coup d'œil de l'éleveur. Au contraire, la pratique a démontré que lorsqu'on donne une jument de pur sang à un étalon de trait, on ne retrouve que par exception, dans le produit, avec l'ampleur de formes du père, la distinction de la mère et qu'il en provient presque toujours un cheval décousu, disproportionné, sans type ni valeur appréciables.

Dans la question qui nous occupe, il est une pratique plus ancienne que celle des Anglais, c'est celle des Arabes ; et M. le général Daumas nous fournit des renseignements précieux sur ce point, en ce qui concerne les Arabes du Sahara algérien, dont les opinions et les habitudes en matière hippique remontent à la plus haute antiquité, sont pour eux une véritable religion, et ont, sans aucun doute, été rapportées d'Asie. « Les Arabes du Sahara, dit M. le général Daumas, se livrent encore avec passion à l'élève des chevaux. Ils savent ce que vaut le sang ; ils soignent leurs croisements, ils améliorent leurs espèces. L'état d'anarchie dans lequel ils ont vécu dans ces derniers temps a bien pu modifier quelques-unes de leurs habitudes, mais il n'a rien changé à cette condition de leur existence : l'élève, le perfectionnement et l'éducation des chevaux. » Aussi, M. Magne, dans l'ouvrage précité, dit-il, en parlant du cheval saharien, après en avoir fait la description : « Par la finesse de sa peau, le soyeux de ses crins, ce cheval rappelle les plus beaux individus du type arabe. » La compétence des Arabes du Sahara et la valeur de leurs opinions et de leur pratique, en matière hippique, étant établies, nous continuons de citer M. le général Daumas : « Exigeants pour la jument, qui doit être vite à la course, d'une haute taille, d'une bonne santé, de formes gracieuses, avoir le ventre et le bassin larges, les Arabes se montrent, en outre, très difficiles sur le choix de l'étalon ; il n'est pas rare de les entendre dire : « Choisissez l'étalon et choisissez-le encore ; car les » produits ressemblent toujours plus à leurs pères qu'à leurs mères ; » souvenez-vous que la jument n'est qu'un sac : vous en retirerez de » l'or si vous y avez mis de l'or, et vous n'en retirerez que du cuivre, » si vous n'y avez mis que du cuivre[1]. » Ils ne voient pourtant aucun inconvénient à ce que le cheval soit plus petit de taille que la jument, pourvu qu'il soit de bonne race et parfaitement constitué. »

III

L'examen du second procédé qu'on peut employer pour modifier les races et qui est habituellement désigné sous le nom de *sélection*,

[1] Pensant que ce principe des Arabes trouverait de nombreux contradicteurs, j'ai voulu connaître à ce sujet l'opinion d'un homme qui passait pour l'un des plus habiles cavaliers de son peuple, et je me suis adressé à l'émir Abd-el-Kader lui-même, et voici ce qu'il m'a répondu : « La noblesse du père est la plus importante. Les Arabes préfèrent beaucoup le produit d'un cheval de sang et d'une jument commune au produit d'une jument de sang et d'un cheval commun. Ils considèrent la mère comme presque étrangère aux qualités des produits ; c'est, disent-ils, un vase qui reçoit un dépôt, et qui le rend sans en changer la nature. Toutefois, si la race se rencontre avec la race, sans nul doute c'est de l'or. » (Voir *les Chevaux du Sahara*, et dans la *Revue*, 2e s., t. II, p. 284, livr. du 30 mars 1858, le travail du général Daumas, intitulé : *De l'Origine des chevaux arabes. Lettre de l'émir Abd-el-Kader*.)

exigera moins de développement que l'étude du croisement. En effet, aucune des objections que soulève la première méthode ne se présente dans l'application de la seconde. Ici l'on est sûr de marcher dans le sens de la nature, puisque l'on agit sans sortir d'une race qui a été créée par elle, sous l'influence prolongée du sol, du climat, de la nourriture et de toutes les circonstances locales. Ce procédé peut avoir pour effet de modifier les individus, ces modifications peuvent même devenir à un certain degré héréditaires, par une succession d'accouplements combinés d'après les mêmes principes; mais ce que l'on tente ne peut affecter en rien l'unité de la race : son existence reste en dehors des expériences de cette nature; elle conserve tous ses caractères fondamentaux, ceux qui ont leur racine dans le sol et assurent la durée du type. Elle ne peut perdre la qualité la plus précieuse d'une race, le signe le plus certain, la plus sûre garantie de son existence, l'*ancienneté*. L'ancienneté, en effet, suffit pour démontrer qu'une race est complétement appropriée à la contrée qu'elle habite et qu'elle peut y reproduire indéfiniment son type dans les circonstances données. Ainsi, rien ne s'oppose à ce qu'une race soit modifiée par le choix des accouplements ou *sélection* : mais de cette opération peut-il sortir une race nouvelle? Dans certains cas, les modifications pourront, à la longue, être assez considérables, pour transformer une race en apparence; cependant, nous n'avons pas besoin d'insister sur les observations développées plus haut, pour démontrer qu'il n'y a pas, en réalité, création d'une nouvelle race.

Le mérite de la méthode étant reconnu, elle peut être appliquée de trois manières. On peut : 1° accoupler les individus les plus parfaits de la race, sous tous les rapports, afin de l'améliorer d'une manière générale et absolue; 2° combiner, par l'accouplement, certains défauts contraires, de manière à les compenser dans le produit; 3° accoupler les individus qui présentent, au plus haut degré, certaine particularité, afin d'en accroître la manifestation dans le produit et de la généraliser dans la race.

Sur les deux premières opérations nous n'avons aucune observation à faire. Leur succès dépend tout entier de l'expérience et du tact de l'opérateur. Sur la troisième opération, nous ferons une seule remarque, qui nous paraît avoir été trop souvent perdue de vue par les éleveurs, c'est que l'on doit s'attendre à n'obtenir le développement d'une qualité particulière, au delà d'une certaine limite, qu'aux dépens d'une autre qualité. Ainsi, par exemple, pour les animaux de boucherie, l'on ne peut développer indéfiniment la production de la viande, qu'aux dépens de sa qualité, de la production du lait, de la fécondité des individus.

En conséquence, avant de travailler à développer une race dans un sens nouveau, par le procédé dont il s'agit, il faut se rendre compte exactement du but qu'on se propose et reconnaître si la somme des avantages qui résultera de l'opération doit l'emporter sur celle des inconvénients. Sous cette réserve, nous concluons que le choix des accouplements ou sélection dans une race donnée est le seul procédé au moyen duquel on puisse modifier une race, en agissant directement sur la génération, et qu'il n'existe, à proprement parler, aucun procédé pour créer une race de *toutes pièces*.

IV

Les principes que nous avons exposés ne sont pas nouveaux. La démonstration que nous avons tenté d'en donner peut seule présenter quelque nouveauté. Ils sont passés dans le domaine des faits, en Angleterre, depuis deux siècles; en France même, ils commencent à être appliqués par un certain nombre d'éleveurs. Néanmoins, le préjugé en faveur du croisement des races y est général et enraciné. Buffon, que nous citons de préférence, parce qu'il paraît être le premier en France qui se soit occupé de ces questions à un point de vue scientifique, a contribué, plus qu'aucun autre, à propager cette méthode, en la consacrant par l'autorité de son nom et par le charme de son génie. Après avoir constaté la formation des races sous l'influence des causes locales, notamment du climat et de la nourriture; après avoir admis l'unité des espèces et des races résultant d'un prototype originaire existant dans chaque individu; après avoir entrevu, le premier, au moyen des expériences et des observations ingénieuses que nous avons rappelées, les lois qui déterminent la part respective du mâle et de la femelle dans le produit, et qui, par suite, semblent présider au croisement des races; après avoir observé et décrit, avec exactitude, les procédés par lesquels la race des chevaux arabes, qu'il proclame les premiers chevaux du monde, a été conservée sans altération, de temps immémorial, il est arrivé à des conclusions qui nous paraissent contraires aux principes et aux faits qu'il a exposés. Ainsi, il dit à l'article du cheval : « ..... Il semble que le modèle du beau et du bon soit dispersé par toute la terre et que dans chaque climat il n'en réside qu'une portion, qui dégénère toujours, à moins qu'on ne la réunisse avec une autre portion prise au loin; en sorte que, pour avoir du bon grain, de belles fleurs, etc., il faut en échanger les graines et ne jamais les semer dans le même terrain qui les a produites; et de même que, pour avoir de beaux chevaux, de bons chiens, etc., il faut donner aux femelles du pays des mâles étrangers, et réciproquement, aux mâles du pays des femelles étrangères; sans cela, les grains, les fleurs, les animaux dégénèrent, ou plutôt prennent une si forte teinture du climat, que la matière domine sur la forme et semble l'abâtardir; l'empreinte reste, mais défigurée par tous les traits qui ne lui sont pas essentiels; en mêlant, au contraire, les races, et surtout en les renouvelant toujours par des races étrangères, la forme semble se perfectionner et la nature se relever, et donner tout ce qu'elle peut produire de meilleur. » Il dit plus loin que, sous l'influence du climat et de la nourriture, ces produits de croisements avec les races étrangères deviennent, dès la seconde génération, et toujours à la troisième, semblables aux chevaux du pays, et il ajoute : « On est donc obligé de croiser les races, au lieu de les conserver; on renouvelle la race, à chaque génération, en faisant venir des chevaux barbes ou d'Espagne pour les donner aux juments du pays; et ce qu'il y a de singulier, c'est que ce renouvellement de race, qui ne se fait qu'en partie, et pour ainsi dire à moitié, produit cependant de bien meilleurs effets que si le renouvellement était entier. Un cheval et une jument d'Espagne ne produiront pas ensemble d'aussi beaux chevaux en France que ceux qui viendront de ce même cheval d'Espagne avec une jument du pays. »

Nous n'avons pas à revenir sur les faits dont nous avons emprunté les plus importants à Buffon même, et dont l'observation nous a conduit à des conclusions opposées aux siennes. Nous nous bornerons à deux remarques sur les citations précédentes. La première, c'est que s'il est incontestable et reconnu par Buffon que la formation d'une race, c'est-à-dire du type qui la distingue du reste de l'espèce, est surtout le résultat du climat et de la nourriture, on ne comprend pas comment une race dégénérerait nécessairement par le fait seul qu'elle continue à habiter le lieu où elle s'est formée. Il semble qu'il suffit de rapprocher ces deux propositions pour faire ressortir la contradiction singulière qu'elles impliquent.

La seconde remarque, c'est que les préceptes de Buffon, dans cette matière, ne tendent ni à la conservation, ni à l'amélioration, ni à la création des races, mais à leur complet effacement, en tant que types distincts, puisqu'il prêche le croisement à l'infini, et à chaque génération, de toutes les races, en combinant de préférence les plus opposées. Dans cet ordre d'idées, nous nous trouvons en accord parfait avec lui, lorsqu'il proclame l'impuissance des produits de races croisées à transmettre à leur descendance le type de la race étrangère employée pour relever la race indigène, et la nécessité, qui en découle, de renouveler les croisements à chaque génération. Ces faits sont, en tout point, conformes à ceux que nous avons exposés. Mais comme nous recherchions les moyens de créer ou de modifier les races, et de les conserver ensuite telles qu'elles auraient été créées et modifiées, non de les effacer par la confusion des types, nous avons été en droit de conclure que le croisement ne peut atteindre le but que nous nous sommes proposé.

Buffon a encore cherché des preuves à l'appui de son système dans les faits relatifs à l'espèce humaine ; il reconnait que le climat et la nourriture n'ont pas autant d'influence sur elle que sur les animaux, parce qu'elle sait se défendre contre le climat, que sa nourriture est plus variée que celle des animaux et n'agit pas en conséquence de la même façon sur tous les individus. Il ajoute : « D'ailleurs, comme il y a eu de fréquentes migrations de peuples, que les nations se sont mêlées et que beaucoup d'hommes voyagent et se répandent de tous côtés, il n'est pas étonnant que les races humaines paraissent être moins sujettes au climat, et qu'il se trouve des hommes forts, bien faits et même spirituels dans tous les pays ; cependant on peut croire que, par une expérience dont on a perdu toute mémoire, les hommes ont autrefois connu le mal qui résultait des alliances du même sang, puisque, chez les nations les moins policées, il a rarement été permis au frère d'épouser sa sœur. Cet usage, qui est pour nous de droit divin et qu'on ne rapporte chez les autres peuples qu'à des vues politiques, a peut-être été fondé sur l'observation ; la politique ne s'étend pas d'une manière si générale et si absolue, à moins qu'elle ne tienne au physique. » Nous ne pourrions, sans sortir du cadre de ce travail, suivre Buffon dans cet ordre d'idées. On comprend d'ailleurs, du premier abord, et nous n'aurons pas besoin d'insister sur ce point, que les exemples tirés de l'homme civilisé n'ont qu'une valeur relative dans la matière qui nous occupe. Buffon l'a senti, et l'on a vu les réserves importantes qu'il a été conduit à faire. Mais il nous semble avoir passé sous silence les différences les plus importantes qui distinguent, à cet égard, l'homme de l'animal. Ce qu'il ne faut pas en effet oublier, c'est que, suivant une définition célèbre, l'homme est une intelligence servie par des organes. En conséquence, dans le rapprochement des sexes, l'homme n'obéit pas à une force aveugle qui tend à la reproduction de l'espèce dans des conditions, à des époques fixées par la nature, et qui ne comporte, de la part de l'individu, ni choix, ni prédilection, ni révolte. Pour cet acte, l'homme n'est asservi ni aux saisons ni à certaines circonstances physiques qui se représentent périodiquement chez les individus. En vertu de son libre arbitre, il choisit son heure, il choisit surtout l'objet avec lequel il s'unit : pour lui, toutes les unions ne sont pas égales et le principe de son choix échappe aux lois naturelles, parce qu'il procède d'une région qui leur est supérieure. De là, dans le rapprochement des sexes, tout un ordre de besoins et de facultés particuliers à l'homme que la civilisation à développés jusqu'à l'infini et qui ont permis de dire, avec autant d'esprit que de vérité, que si Dieu avait créé la femelle, l'homme avait créé la femme. Par suite, l'attrait entre les sexes est, dans l'espèce humaine, essentiellement personnel, spontané, indépendant; la facilité des rapports, l'habitude comprime cet attrait et l'émousse. On comprend dès lors qu'il ne se manifeste pas entre frère et sœur.

On dit, il est vrai, que les Guèbres ou Parsis, chez lesquels de semblables unions seraient licites et fréquentes, sont une des plus belles et des plus intelligentes populations de l'Asie. Mais ce fait, alors même qu'il serait établi, ne serait qu'une exception sur laquelle on ne saurait raisonner quand il s'agit de l'ensemble de l'espèce humaine. Nous reconnaissons donc que les autres races d'hommes, en consacrant par leurs lois la répulsion sexuelle qui existe entre les enfants des mêmes parents, ont agi dans le sens de la nature, et l'on ne nous supposera pas la pensée de réhabiliter le mariage entre frère et sœur. Mais au delà de cette prohibition, nous ne voyons pas que la communauté du sang s'oppose à l'attrait ni à l'union des sexes entre les descendants du même auteur, ni que les effets de ces unions soient généralement nuisibles.

Si nous considérons les peuples les plus anciens, par exemple les Indous, les Egyptiens, représentés aujourd'hui par les Cophtes, et les Hébreux, nous remarquons que les alliances avec les autres races y sont interdites, sous des peines terribles, par la religion comme par les lois; que, de plus, chez la première de ces nations, les alliances sont encore restreintes par les castes; que, chez les Hébreux, elles sont renfermées dans les familles par une législation spéciale qui avait pour objet de leur conserver leurs propriétés territoriales. Or, ces trois races existent toujours et sont peut-être celles qui ont conservé, avec le plus de persistance, leur type originaire. Pour ne parler que des Hébreux, malgré leur dernière dispersion qui remonte à 1800 ans, malgré les avanies qui leur ont été infligées partout, pendant tant de siècles, malgré les différences des climats auxquels ils ont été soumis, n'offrent-ils pas encore de nos jours, en continuant de ne s'allier guère qu'entre eux, un type saisissant et indélébile? et si ce type a été dégradé dans certaines contrées par l'effet des conditions physiques auxquelles l'oppression les a condamnés, ne s'y reproduit-il pas toujours avec son empreinte, et, de temps en temps, avec un éclat de beauté incomparable?

Nous rentrons maintenant dans notre sujet, en examinant le fait relatif aux petites races animales qu'on rencontre dans certaines îles, telles que la Corse, la Sardaigne, Ouessant, les archipels des Shetland et des Orcades, etc. Faut-il attribuer la taille réduite de ces races à la difficulté des croisements qui résulterait de l'espace circonscrit dans lequel elles sont renfermées?

Nous remarquons d'abord que certaines circonstances climatériques, le besoin d'un abri et d'une nourriture appropriés retiennent partout les animaux sauvages dans des limites beaucoup plus étroites que l'espace représenté par une île telle que la Corse ou la Sardaigne. C'est ce que reconnaît formellement Buffon, dans un chapitre de son Histoire naturelle intitulé : *De la dégénération des animaux*. Après avoir signalé les différences qui se manifestent entre les races d'hommes, suivant la nature du sol qu'ils habitent, le climat et la nourriture auxquels ils sont soumis, il ajoute : « dans les animaux, ces effets sont plus prompts et plus grands, parce qu'ils tiennent à la terre de bien plus près que l'homme ; parce que leur nourriture étant plus uniforme, plus constamment la même, et n'étant nullement préparée, la qualité en est plus décidée et l'influence plus forte ; parce que, d'ailleurs, les animaux ne pouvant ni se vêtir, ni s'abriter, ni faire usage de l'élément du feu pour se réchauffer, ils demeurent nuement exposés et pleinement livrés à l'action de l'air et à toutes les intempéries du climat; et c'est par cette raison que chacun d'eux a, suivant sa nature, choisi sa zone et sa contrée ; c'est par la même raison qu'ils y sont retenus et qu'au lieu de s'étendre et de se disperser, comme l'homme, ils demeurent pour la plupart concentrés dans les lieux qui leur conviennent le mieux. »

Ainsi, en prenant pour exemple les animaux sauvages exclusivement soumis aux lois naturelles, nous trouvons qu'en fait les races ne sont pas plus concentrées dans les îles que sur les continents et que, dès lors, rien n'indique que les croisements soient plus fréquents sur la terre ferme. Si ce point est établi, il importe peu, quant aux effets du croisement, que les races insulaires soient retenues par leurs besoins et leur instinct ou par des limites infranchissables dans un espace donné. Mais à ce fait général on peut en ajouter de particuliers qui présentent une analogie plus complète avec celui qui nous occupe : ainsi il existe encore en Ecosse, dans quelques grands parcs clos de murs, tels que ceux de *Chillingham*, *Cadzaw*, *Chartly*, *Lyme*, des troupeaux de bœufs à l'état sauvage et qui paraissent être, dans cette partie de l'Europe occidentale[1], les derniers représentants de ces Aurochs (bos Urus), qui peuplaient autrefois nos forêts et dont la chasse faisait les délices des rois de

[1] Il existe aussi des Aurochs en Lithuanie et dans l'Ukraine.

nos deux premières races. Ces bœufs, d'après les descriptions qui en ont été souvent données, ont tous la robe d'un blanc sale, avec les oreilles plus foncées. Ils se reproduisent en liberté, dans ces parcs, de temps immémorial, et sont restés tellement farouches qu'ils ne se laissent pas approcher et qu'on ne peut prendre les adultes vivants. On voit qu'ici il ne s'agit plus d'une île telle que la Corse ou la Sardaigne, mais d'un parc qui, si vaste qu'on le suppose, ne peut guère représenter qu'une surface de quelques milliers d'hectares. Et c'est dans ces étroites limites qu'une race animale se maintient, sans croisement possible et aussi sans altération appréciable, depuis des siècles.

Cet exemple nous paraît suffisant pour prouver que l'abaissement de la taille chez certaines races insulaires ne peut être attribué à la limitation de l'espace dans lequel elles sont renfermées, en tant que cette limitation aurait pour effet de restreindre les croisements, et qu'il faut chercher une autre explication du fait.

Or, la première qui se présente à l'esprit c'est l'infertilité des îles dont il s'agit, et par suite l'insuffisance de la nourriture que les animaux herbivores sont obligés de s'y disputer dans un espace circonscrit. Buffon dit, dans l'histoire naturelle du chien : « Les animaux assez indépendants pour choisir eux-mêmes leur climat et leur nourriture sont ceux qui conservent le mieux l'empreinte originaire ; et l'on peut croire que, dans ces espèces, le premier, le plus ancien de tous, nous est encore aujourd'hui assez fidèlement représenté par ses descendants. » S'il est vrai que les races qui se maintiennent le mieux soient celles qui sont le plus libres de choisir, en se déplaçant, le climat et la nourriture qui leur conviennent, il faut reconnaître que les races insulaires sont dans les conditions les moins favorables, sous ce rapport, et l'on ne peut s'étonner par exemple que, sous l'influence d'une nourriture peu substantielle, l'île d'Ouessant n'ait que des espèces naines, quand la même cause produit des effets analogues sur le continent voisin de la basse Bretagne, dont il suffit de citer la race bovine, une des plus petites qui soient connues, et d'ailleurs si utile et si estimable.

V

La répartition des espèces sur le globe n'est pas seulement soumise à des lois physiques : elle paraît avoir subi l'influence de causes accidentelles qu'il ne nous appartient pas de rechercher ici, mais parmi lesquelles il est peut-être permis d'indiquer les cataclysmes qui ont placé entre ces espèces des mers ou des espaces infranchissables, peut-être aussi la création de ces espèces à des âges différents du monde. On peut expliquer par des lois physiques l'absence de telle espèce sous telle latitude; on ne peut expliquer de la même manière pourquoi telle espèce qui vit sous telle latitude ne se retrouve pas partout sous la même latitude; pourquoi, par exemple, les espèces animales de l'Australie diffèrent d'une manière si sensible des espèces européennes et semblent se rattacher, par certains caractères, à une autre époque de la création.

Sans nous arrêter sur cette observation, il nous suffit de constater qu'en fait, des espèces qui, physiquement, peuvent vivre sous le même climat, demeureraient à jamais séparées si l'homme, employant les moyens qu'il a inventés pour franchir l'espace, ne savait les transporter partout où elles peuvent vivre et lui rendre des services.

L'acclimatation des espèces est donc, à notre avis, après la domestication, qui est en dehors de notre sujet, l'œuvre la plus utile par laquelle l'homme manifeste son empire sur les animaux; et l'on ne peut trop applaudir aux efforts tentés pour doter une contrée des espèces qui lui manquent, lorsqu'elles doivent y trouver un sol, un climat et une nourriture appropriés. Telles sont les expériences ayant pour objet de naturaliser en Europe, dans des conditions convenables, l'antilope canna de l'Afrique, le lama, l'alpaca et la vigogne de l'Amérique, le grand et le petit kangaroo de l'Australie, sans parler des oiseaux, parmi lesquels il reste tant de conquêtes précieuses à faire. Quant aux essais qui ont pour but l'acclimatation des races, il nous est impossible d'y attacher la même importance, en présence des lois générales que nous avons rappelées et d'après lesquelles nous croyons que se forment les races, dans les espèces, sous l'influence dominante du sol, du climat et de la nourriture. Nous pensons, en conséquence, que quand une espèce est ancienne dans une contrée, si telle race d'animaux de cette espèce n'y existe pas, il y a présomption grave que cette race ne convient pas au pays. L'homme semble, dans ce cas, en cherchant à combler cette apparente lacune, ne pas opérer dans le sens de la nature, et il est difficile que ses efforts aboutissent à des résultats utiles et durables. Dès la première génération, l'influence de l'habitat nouveau peut se reconnaître, et si l'importation n'est pas constamment renouvelée, si la race importée est abandonnée à elle-même, elle doit, après un certain nombre de générations, se rapprocher de la race indigène au point d'être confondue avec elle. L'un des exemples les plus remarquables que l'on connaisse de ces influences locales est celui des moutons que l'on importe à la Jamaïque et dont la laine y est, dès la première année, remplacée par du poil. On sait aussi que la race des chevaux anglais dite pur sang, importée en Normandie ou en Limousin, n'a pas la même physionomie dans ces deux provinces, et rappelle, dans une certaine mesure, les anciennes et célèbres races indigènes, aujourd'hui à peu près éteintes.

Nous pensons donc qu'il est plus conforme au vœu de la nature, plus utile et plus sûr de s'attacher à perfectionner, en dedans, par le choix des accouplements ou sélection, les races indigènes, que d'importer des races exotiques. Nous ne prétendons pas cependant condamner d'une manière absolue ce genre d'expériences, d'où il peut sortir des résultats imprévus et utiles, en dehors des lois générales, en raison de la persistance exceptionnelle de certaines races, même dans des conditions nouvelles; en raison d'autres circonstances physiques dont la combinaison échappe au raisonnement et dont les effets ne sont accessibles qu'à l'observation; en raison enfin de la part considérable qu'il convient de réserver, dans les résultats, aux soins persévérants de l'homme. Ces essais peuvent surtout présenter des avantages là où les races indigènes sont arrivées à un tel degré d'abâtardissement qu'on n'y reconnait aucune trace du type primitif. On comprend que, dans ce cas, l'importation donne des résultats plus rapides qu'une opération sur les races indigènes. L'acclimatation de la race des chevaux orientaux en Angleterre, où elle est devenue si célèbre sous le nom de pur sang anglais, est l'exemple le plus mémorable du succès avec lequel, dans cette voie, l'homme peut lutter contre la nature. Nous aurons plus loin occasion de reparler de cette magnifique expérience qui suffirait pour interdire à l'observateur tout système absolu en matière d'acclimatation des races.

On ne peut nier d'ailleurs qu'il n'existe, dans la répartition des races, des lacunes analogues à celles que nous avons signalées dans la répartition des espèces. Lorsque ces différences ne s'expliquent pas *à priori* par les lois naturelles, on est en droit de les attribuer à l'intervention de l'homme et de supposer que, s'il les a produites, il peut aussi les faire disparaître. Pourquoi, par exemple, les landes de la Bretagne sont-elles dotées d'une petite race bovine donnant un lait abondant et délicieux, tandis que les landes de la Gascogne ne possèdent qu'une race robuste, propre surtout au travail et peu laitière? Si ce n'est l'œuvre de l'homme, c'est le secret de la nature. Sans prétendre sonder ce secret par le raisonnement, il est permis de lui demander ici ce qu'elle a donné là, dans des conditions analogues. En conséquence, en transportant par mer cette jolie race bovine de l'Armorique dans les pâturages maigres et aromatiques qui bordent le golfe de Gascogne, longtemps avant qu'elle ne jouit d'une sorte de vogue en dehors de son pays natal, on a fait une chose éminemment rationnelle. Cette race devait y prospérer et y rend de grands services. Il n'en est pas de même quand on conduit des vaches bretonnes dans les riches pâturages de la Normandie, qui possède déjà une grande race appropriée et produisant, avec la même abondance, le lait et la viande. En effet, si dans les conditions nouvelles où elles sont placées, les vaches bretonnes devaient conserver les qualités précieuses qui les distinguent, savoir la faculté de produire beaucoup de lait, avec une maigre nourriture, cette qualité serait sans objet là où la nourriture est abondante et substantielle ; cette qualité serait, de plus, insuffisante, là où une alimentation plus riche peut produire plus de lait et aussi plus de viande que n'en saurait donner la race bretonne, dont la puissance lactifère n'est, après tout, que relative, et dont la valeur, au point de vue de la boucherie, est mince. Mais, dès la première génération, l'influence d'une nourriture nouvelle se fait sentir par un accroissement de taille et de volume, et chaque génération suivante tend à rapprocher la race importée de la race indigène, dont elle ne peut devenir l'égale que par une sorte de double emploi. On voit qu'ici, de quelque manière qu'on envisage l'opération, elle semble aboutir à un résultat négatif. Nous nous croyons en conséquence suffisamment autorisé à penser que l'acclimatation d'une race ne doit être tentée que dans des circonstances exceptionnelles et avec beaucoup de réserve ; qu'elle ne présente d'ailleurs quelques chances de succès, qu'autant qu'elle est entreprise dans des conditions analogues à celles qui ont présidé à la formation même de la race.

DEUXIÈME PARTIE

Jusqu'ici nous avons essayé de déduire des lois naturelles et de quelques faits généraux les principes qui président à la conservation et à l'amélioration des races animales : il nous reste à démontrer, par quelques exemples, que ces principes ne sont pas démentis par la pratique et à indiquer sommairement comment ils nous paraissent pouvoir être appliqués en France.

I

On a longtemps cru que la race des chevaux arabes était la plus ancienne de toutes : on a même considéré cette race comme le type de l'espèce et le cheval comme originaire de l'Arabie. Buffon paraît pencher vers cette opinion lorsqu'après avoir déclaré « que les chevaux arabes ont été de tout temps et sont encore les premiers chevaux du monde, tant pour la beauté que pour la bonté ; que c'est d'eux que l'on tire, soit immédiatement, soit médiatement, par le moyen des barbes, les plus beaux chevaux qui soient en Europe, en Afrique et en Asie, » il ajoute « que le climat de l'Arabie est peut-être le vrai climat des chevaux. » Il cite ailleurs Léon l'Africain et Marmol, qui prétendent que les « chevaux arabes viennent des chevaux sauvages des déserts d'Arabie, dont on a fait très anciennement des haras. » On remarquera peut-être, en passant, que l'entretien de haras dans le désert ne laisse pas, au premier abord, que de présenter quelque difficulté.

De notre temps, l'on a combattu ces opinions au moyen de textes dont le plus positif serait emprunté au géographe Strabon, qui aurait écrit sous Auguste, trente ans avant notre ère : « On trouve, en Arabie, des animaux de toute espèce, excepté le cheval[1]. » On a même soutenu que, du temps de Mahomet, les Arabes ne possédaient pas encore de cavalerie et que l'origine de la race de leurs chevaux doit être placée entre le VIIIe et le XIIIe siècles. (Parizet, *Eloge de Huzard*).

[1] *Géographie de Strabon*, livre XVI. Dans ce passage, il ne fait que citer Eratosthène et il ne s'agit que de l'Arabie méridionale ; il dit : « Les bestiaux y sont abondants, excepté les chevaux, les mulets et les porcs. »

Ce n'est pas ici le lieu d'approfondir cette question : en admettant que la race des chevaux arabes ne remonte pas plus haut que le VIIIe siècle, ce serait encore une antiquité fort respectable et il serait intéressant de rechercher par quels procédés cette race, si justement renommée et considérée généralement comme le type de l'espèce, a pu se conserver, dans toute sa pureté, depuis cette époque jusqu'à nos jours. Or, ces procédés sont si connus que nous hésiterions à les rappeler s'ils tenaient une place moins considérable dans l'histoire des races domestiques. Nous laisserons encore parler Buffon, sous l'autorité des voyageurs les plus accrédités de son temps :

« Les Arabes, dit-il, conservent avec grand soin et depuis très longtemps les races de leurs chevaux ; ils en connaissent les générations, les alliances et toute la généalogie ; ils distinguent les races par des noms différents et ils en font trois classes : la première est celle des chevaux nobles, de race pure et ancienne des deux côtés ; la seconde est celle des chevaux de race ancienne, mais qui se sont mésalliés, et la troisième est celle des chevaux communs ; ceux-ci se vendent à bas prix, mais ceux de la première classe et même ceux de la seconde, parmi lesquels il s'en trouve d'aussi bons que ceux de la première, sont excessivement chers. Ils ne font jamais couvrir les juments de cette première classe noble que par des étalons de la même qualité : ils connaissent par une longue expérience toutes les races de leurs chevaux et de ceux de leurs voisins ; ils en connaissent en particulier le nom, le surnom, le poil, les marques, etc. ; quand ils n'ont pas des étalons nobles, ils en empruntent chez leurs voisins, moyennant quelque argent, pour faire couvrir leurs juments, ce qui se fait en présence de témoins qui en donnent une attestation signée et scellée par devant le secrétaire de l'Émir ou quelque autre personne publique, et, dans cette attestation, le nom du cheval et de la jument est cité et toute leur génération exposée ; lorsque la jument a pouliné, on appelle encore des témoins et l'on fait une autre attestation dans laquelle on fait la description du poulain qui vient de naître et on marque le jour de sa naissance. Ces billets donnent le prix aux chevaux et on les remet à ceux qui les achètent..... » (Histoire naturelle du cheval). L'exactitude des renseignements recueillis par Buffon a été reconnue par les voyageurs modernes et notamment par le docteur Perron et par M. Prisse d'Avenne[1]. Si celui-ci allègue que l'usage de dresser un acte de naissance des chevaux arabes n'existe aujourd'hui que dans les villes, et en vue de bien vendre les berzaûn (chevaux inférieurs) aux étrangers, il ajoute que ces témoi-

[1] Voir l'article de M. Prisse d'Avenne, dans la *Revue Contemporaine*, livr. du 1er juin 1854.

gnages ne sont pas nécessaires dans le désert où les chevaux de race sont si bien connus qu'un millier d'individus pourraient attester leur noblesse. C'est ce que dit, presqu'en termes identiques, l'émir Abd-el-Kader, pour les Arabes de l'Algérie, dans sa lettre déjà citée et adressée à M. le général Daumas.

On voit que les faits rapportés par Buffon démentent formellement son système, d'après lequel les races d'un pays dégénèrent fatalement si elles ne sont croisées avec les races d'un autre pays le plus différent possible. En effet voici une race de chevaux, la plus belle de toutes et le type de l'espèce, qui s'est maintenue telle depuis une époque indéterminée et l'on peut dire immémoriale, non-seulement sans croisement, mais par l'exclusion même du croisement. Car si l'on rencontre chez les Arabes, comme ailleurs, des chevaux communs ou de races croisées, on voit de quelles précautions minutieuses on a entouré la conservation de l'unité de la race : que les individus qui représentent cette unité sont seuls comptés et employés comme reproducteurs de la race, et que les autres chevaux n'ont de valeur que comme individus et en dehors de la race.

Il ne pouvait échapper à Buffon que les faits qu'il citait étaient en opposition avec la méthode qu'il avait vantée, et voici comment il a cherché à atténuer cette contradiction :

« Il résulte de tous ces faits, dit-il, que le climat de l'Arabie est peut-être le vrai climat des chevaux et le meilleur de tous les climats, puisqu'au lieu d'y croiser les races par des races étrangères, on a grand soin de les conserver dans toute leur pureté ; que si ce climat n'est pas par lui-même le meilleur climat pour les chevaux, les Arabes l'ont rendu tel par les soins particuliers qu'ils ont pris, de tous les temps, d'ennoblir les races, en ne mettant ensemble que les individus les mieux faits et de la première qualité ; que, par cette attention suivie pendant des siècles, ils ont perfectionné l'espèce au delà de ce que la nature aurait fait dans le meilleur climat..... »

Ainsi Buffon, après avoir reconnu que, contrairement au système qu'il a longuement exposé, la race des chevaux arabes est parvenue et s'est arrêtée à la perfection sans aucun croisement, en est réduit, pour expliquer ce fait, à l'attribuer au choix des accouplements, en dedans de la race ; c'est-à-dire que nous trouvons ici, dans Buffon même, la confirmation la plus complète des idées que nous avons émises, car, même en admettant qu'en Arabie le climat fût plus favorable à l'éducation des chevaux, on ne comprend pas pourquoi les procédés qui y ont si bien réussi ne réussiraient pas ailleurs, dans la mesure que comporte le climat ; nous verrons en effet par d'autres exemples que le succès de cette méthode n'a pas été limité à l'Arabie, comme Buffon semble le croire. Quoi qu'il en soit, nous sommes autorisé à constater, par son témoignage même, que les seuls moyens admis par nous, pour la conservation et l'amélioration des races, sont précisément ceux par lesquels celle des chevaux arabes s'est maintenue jusqu'à nos jours dans un état de perfection qui lui a mérité d'être considérée comme le type de l'espèce.

Nous ne quitterons pas l'Orient sans parler, en passant, d'une race moins connue en Europe que l'arabe, mais non moins importante, et sur laquelle l'attention a été appelée récemment par l'envoi que le chah de Perse a fait à l'Empereur des Français de plusieurs individus de cette race. Il s'agit des chevaux turkomans (ou turkmans), qu'on trouve sur les bords de la mer Caspienne, dans le Khoraçan et le Kôkan, et qui sont répandus, avec les tribus nomades qui leur ont donné leur nom moderne, jusqu'en Arménie, sur les frontières de la Turquie et de la Perse. Ces chevaux, remarquables par la taille et le développement osseux et musculaire, se distinguent encore des autres familles orientales par une crinière courte et rare et une queue peu fournie, qui souvent est réduite à ce qu'on appelle, dans le langage hippique, *la queue de rat*. Ils ont été quelquefois comparés, pour la conformation, au demi-sang anglais, notamment par le vétérinaire Damoiseau, dans la relation d'une mission accomplie en Orient, il y a une trentaine d'années. Cette race est peut-être la plus ancienne qui existe et il est difficile de se refuser à reconnaître en elle les fameux chevaux niséens de l'antiquité. En effet, d'une part, ces chevaux qui étaient considérés comme les plus précieux de tous, à une époque où la race arabe n'existait pas ou n'était pas connue des Grecs, ont dû être reproduits par leurs artistes, et ainsi que l'a remarqué M. Chodsko, cité par M. Prisse d'Avenne[1], dans les chevaux qui ornent les monuments d'Athènes, notamment la frise et les métopes du Parthénon, comme dans ceux de la mosaïque célèbre trouvée à Pompeï et qu'on croit représenter un combat entre les Macédoniens et les Perses, on retrouve les caractères saillants que nous avons indiqués plus haut.

« Les artistes grecs n'ont rien exagéré, dit M. Chodsko ; ils sont vrais dans tous les détails. C'est le type de la race chevaline qui, depuis des siècles, existait dans la chaîne des monts d'Albourz. On le reconnaît au premier coup d'œil, pour quiconque a eu l'occasion de voir les chevaux turkmans tékés-akals, dont les meilleurs haras ont leurs pâturages aux environs des ruines de la ville de Nisa. » Nous nous permettrons d'ajouter qu'il est difficile de méconnaître les caractères particuliers dont il s'agit dans les chevaux représentés sur les monuments assyriens, avec une exactitude de détails et un sentiment

[1] Article déjà mentionné.

réaliste aussi remarquable sous le rapport de l'art que sous celui de la science anatomique. Ainsi, cette race remonterait aux époques anté-historiques et serait sans rivale comme ancienneté et durée.

Ce sont ces puissants destriers que montait la grosse cavalerie des Mèdes et des Parthes, telle qu'elle nous est dépeinte par Hérodote et par Ammien-Marcellin, dans laquelle l'homme et le cheval étaient couverts de fer, comme au moyen âge, et dont la description, par le second de ces auteurs, inspirait à Montaigne cette remarque : « Ne dirait-on pas un de nos gendarmes à toutes ses bardes ? » Aujourd'hui encore, ces chevaux sont estimés par dessus tous les autres par les Turcs et les Persans et le chah possède, dans les provinces riveraines de la mer Caspienne, des haras considérables, pour l'élève de cette race.

Or, quoique son unité ne paraisse pas avoir été protégée par les mêmes précautions que chez les Arabes, en fait il est reconnu par tous les voyageurs qu'elle se maintient de temps immémorial par elle-même, et les caractères spéciaux qui distinguent ces chevaux de tous ceux de l'Orient se reproduisant constamment, depuis tant de siècles, suffiraient pour exclure l'idée du croisement. Il résulte de plus des renseignements recueillis à l'occasion du présent fait à l'Empereur des Français par le chah, que dans les haras de ce souverain on a souvent tenté d'allier la race arabe à celle dont il s'agit, mais que les chevaux de la vieille souche ont toujours été reconnus supérieurs aux produits de ces essais et que l'on a dû choisir en conséquence parmi les premiers ceux qui ont été offerts à l'Empereur.

Nous trouvons donc encore, dans la plus ancienne race de l'Orient, la confirmation des principes que nous avons exposés[1].

II

Les îles Britanniques paraissent avoir toujours possédé de bons chevaux, qui étaient recherchés sur le continent, au moyen âge, sous les noms de courtauds, de guilledines, et autres désignations dont nous ne connaissons plus exactement l'origine ni le sens. La race in-

[1] Nous devons dire que les chevaux envoyés à l'Empereur, et qui sont d'ailleurs remarquables par leur taille et leur conformation, ne nous ont pas paru présenter tous les caractères propres à la race turkomane, et nous serions disposé à penser qu'ils pourraient avoir dans les veines une certaine dose de sang arabe. Mais ce fait particulier, fût-il exact, n'infirmerait en rien le fait général du maintien de la race, depuis plusieurs milliers d'années, sans croisement.

digène nous paraît représentée par les petits chevaux que, de même qu'en Basse-Bretagne, on trouve encore en Irlande, en Ecosse, dans le pays de Galles et le comté de Cornwall, là où la population est restée celtique ou gallique. Mais le fond des grandes races anciennes qui existaient en Angleterre et en Ecosse, dès l'époque à laquelle nous nous reportons, doit avoir été fourni par le Danemark, dont les populations ont pris pied tant de fois sur le sol britannique. Après la conquête de Guillaume le Bâtard, on a importé un grand nombre des chevaux de la Flandre et de la Frise, dont la haute taille et les formes massives étaient estimées par la chevalerie bardée de fer. Enfin, les Croisades infusèrent dans ces diverses races ou familles chevalines quelque peu de sang oriental. Quant à l'Irlande, ses excellents chevaux de chasse, dont le type rappelle notre ancienne race normande, nous paraissent aussi avoir une origine danoise ou normande, ce qui est pour nous la même chose, et ne peuvent guère avoir été introduits dans l'île avant sa conquête par les Plantagenets, au XIIe siècle. Au commencement du XVIIe, les progrès de l'artillerie ayant profondément modifié l'art de la guerre et restreint l'emploi des armes défensives, le poids du cavalier étant dès lors considérablement réduit, on dut ressentir le besoin de chevaux plus légers. Ceux de l'Orient prirent alors faveur et l'on en importa à grands frais dans toute l'Europe. Mais tandis que sur le continent on se contentait généralement de croiser les individus importés avec les races indigènes, ce qui ne pouvait aboutir qu'à la confusion des types et à l'effacement des races, en Angleterre on procédait autrement : l'on importait non pas seulement des reproducteurs, mais une race ; on la conservait sans mélange sur le sol britannique, après l'y avoir naturalisée. La race anglaise connue sous la dénomination de pur sang date des juments dites de Cromwell, amenées d'Orient sous le règne du Protecteur, et exclusivement alliées à des étalons de même origine. En même temps qu'on importait la race, on assurait la conservation de son unité par des moyens analogues à ceux en usage chez les Arabes ; on ouvrait un livre d'or de la noblesse chevaline (*Stud-book*, Livre des haras), où chaque individu de pur sang est inscrit et où sa généalogie (*pedigree*) est soigneusement consignée. Ce livre placé sous la garde des plus grands noms de l'Angleterre présente des garanties complètes et bien supérieures aux certificats et à la tradition des Arabes. Si, dans les premiers temps, quelques chevaux venus d'Orient ont été classés, ou, comme on dit en Angleterre, tracés au Stud-book parmi les chevaux nés dans le pays, c'est que des circonstances particulières avaient révélé leur mérite exceptionnel comme reproducteurs, d'après le principe que le signe essentiel de la race réside dans la puissance reproductrice.

Un romancier français a tiré parti de l'histoire bizarre du cheval Godolphin-Arabian, qui, après avoir traîné une voiture de place dans les rues de Paris, n'aurait pas été admis aux honneurs du Stud-book et ne serait pas devenu le père d'une lignée illustre de coureurs, s'il n'était descendu à l'emploi subalterne de boute-en-train, dans le haras de lord Godolphin, et si là une inadvertance ne lui avait fourni l'occasion de prouver quels produits pouvaient sortir de lui. Mais depuis plus d'un siècle tout cheval inscrit au Stud-book est né en Angleterre et issu de la race naturalisée, et cette race se reproduit par elle-même sans aucune alliance. Il ne suffisait pas d'assurer l'unité de la race : il fallait aussi assurer la conservation et le développement de ses qualités. C'est à quoi il a été pourvu par les courses si populaires dans ce pays et qui fournissent les moyens de constater périodiquement si la race dégénère ou progresse.

Pour apprécier les résultats obtenus par les procédés que nous venons de rappeler, il importe avant tout de bien préciser le point de départ. Or, on sait, et Buffon le mentionne, que des chevaux arabes et barbes ont été également employés dans la formation ou la naturalisation de la race anglaise dite pur sang. Ainsi Darley-Arabian et Godolphin-Arabian, pères de deux des familles de pur sang les plus célèbres, étaient, le premier arabe et le second barbe. Le fameux Eclypse descendait à la fois de l'un et de l'autre. Il semble dès lors, au premier abord, qu'on ait importé en Angleterre non une race, mais deux races, en les croisant entre elles. En examinant de plus près la question, on reconnaît qu'il y a lieu d'appliquer ici les réserves que nous avons faites précédemment au sujet des races qui, ayant une origine commune, n'en forment théoriquement et pratiquement qu'une seule.

En effet, on a déjà vu que Buffon dit des chevaux arabes « que c'est d'eux qu'on tire soit immédiatement, soit médiatement, par le moyen des barbes, les plus beaux chevaux qui soient en Europe, en Afrique et en Asie. » Il dit ailleurs formellement que les chevaux de Barbarie sont de race arabe. A cette assertion, on peut objecter, il est vrai, que la renommée des chevaux de ce pays remonte bien plus haut que sa conquête par les Arabes, et que, dans l'ancienne Rome, les chevaux numides étaient les plus estimés de tous. Mais d'où étaient venus ces fameux chevaux numides, la souche la plus antique des barbes ? Nous croyons que la colonisation et la conquête sont arrivées à l'Afrique occidentale par deux voies, l'Egypte et la mer ; que, de l'Egypte par terre, de la Phénicie et de la Syrie par mer, sont venus les colons et les conquérants les plus anciens de cette partie de l'Afrique ; on serait dès lors, suivant nous, autorisé à penser que de là sont aussi venus ses premiers chevaux. Si d'ailleurs il résulte du texte précité de Strabon que, trente ans avant notre ère, l'Arabie manquait de chevaux, d'où sont donc venus ceux qu'elle possède aujourd'hui et qui y ont acquis une si grande renommée? Parizet, que nous avons déjà cité, les fait venir de l'Egypte et de la Cappadoce, qui était limitrophe de la Syrie et dont les chevaux étaient les plus estimés de l'Asie-Mineure. Il suffit d'ailleurs de jeter les yeux sur une carte pour reconnaître que l'Arabie a dû tirer de l'Egypte et de la Syrie, entre lesquelles elle se trouve située, ou des contrées qui leur sont contiguës les chevaux dont elle manquait. Ainsi, quelque haut qu'on remonte, la communauté d'origine des chevaux arabes et barbes semble résulter de toutes les données géographiques et historiques.

Au VIIIe siècle, l'établissement des Arabes dans l'Afrique occidentale est venu resserrer encore les liens de proche parenté qui unissent ces deux races de chevaux, ou plutôt les deux n'en font qu'une. On sait que c'est dans le pays des oasis, ou la zone appelée *Sahara*, qu'on retrouve les conquérants arabes vivant en pasteurs et en nomades, comme ils le faisaient en Asie. C'est là que le cheval arabe a conservé avec son antique généalogie, constatée par une tradition universelle et non interrompue, la pureté de formes et les grandes qualités qu'il a rapportées de la mère-patrie. En conséquence les chevaux du Sahara sont les seuls estimés en Barbarie, et l'on est dès lors autorisé à croire que les chevaux importés, à grands frais, de ce pays en Angleterre, sous Cromwell et Charles II, venaient du Sahara, c'est-à-dire étaient de vrais arabes.

On peut sans doute regretter, pour l'unité du type, que tous les individus importés dans l'origine en Angleterre, et qui sont devenus la souche de sa race dite pur sang, n'aient pas été tirés directement d'Arabie; mais on n'y regardait pas d'aussi près à cette époque: tous les chevaux venus d'Orient étaient, *à priori*, considérés comme appartenant à la même race, et nous croyons que, en ce qui touche les arabes et les barbes, cette opinion était fondée.

Les idées que nous venons d'exprimer sont d'accord avec les opinions développées par M. le général Daumas dans son ouvrage sur les chevaux du Sahara. On y lit : « Si l'on veut nous permettre de produire notre opinion personnelle, nous avancerons qu'on est disposé à établir une ligne de démarcation trop tranchée entre le cheval barbe et le cheval arabe; il est un nom plus général qui nous semble devoir être appliqué à tous deux : c'est celui de race orientale. C'est une même grande famille qui se confond dans l'origine, qui se modifie en s'étendant et se déplaçant, sous l'influence des différences de climat, peu sensibles d'ailleurs..... L'administration des haras va chercher, à grands frais, jusqu'au fond de la Syrie, des étalons dont un acquéreur intelligent trouverait souvent le modèle parmi les types si variés de l'Algérie. » Et il en donne, en note, des exemples très remarquables.

Dans la lettre déjà citée, adressée à M. le général Daumas, l'émir Abd-el-Kader établit, d'après les traditions et les historiens orientaux, que non-seulement les chevaux barbes, mais même les populations berbères, sont arabes d'origine.

Deux causes ont d'ailleurs contribué à effacer, dans la race orientale naturalisée en Angleterre, les différences secondaires qui pouvaient résulter de sa double provenance, et à faire prédominer, en le maintenant, le type primitif et commun, c'est-à-dire arabe.

En premier lieu, dès le début, les chevaux tirés d'Orient n'ont été admis définitivement comme reproducteurs qu'après que leur valeur, sous ce rapport, a été observée et constatée dans les produits. C'était une première et capitale garantie de l'unité du type importé.

En second lieu, une série non interrompue d'accouplements judicieux, en unissant les produits les plus parfaits et les plus rapprochés du type primitif, c'est-à-dire arabe, a eu pour effet de remonter à cette source, par suite, d'uniformiser et de fixer le type tel que nous l'admirons aujourd'hui dans la race anglaise dite pur sang.

Or, si l'on recherche ce qu'est devenue, après deux cents ans, la race orientale naturalisée en Angleterre, on trouve que la taille s'est accrue, que les systèmes osseux et musculaire se sont développés, que, par suite, la vitesse s'est augmentée, puisqu'il est certain qu'aucun cheval de l'Orient ne peut aujourd'hui lutter, sur les hippodromes, avec les chevaux de pur sang anglais. En ce qui touche l'aspect général des formes, peut-être un œil exercé peut-il encore discerner quelque trace de la double provenance originelle. Tel cheval anglais de pur sang peut tenir davantage des arabes, tel autre des barbes. Mais à part ces nuances légères, le type général est assez constant et assez uniforme, assez empreint d'arabe, pour que M. Prisse d'Avenne, dans l'article déjà cité, ait écrit après avoir établi que le Koheil est le pur sang arabe : « Le Koheil-Nedjdi[1], le Koheil du centre de l'Arabie, offre des caractères qui l'indiquent incontestablement comme l'origine du cheval anglais. Ce qui distingue particulièremen le Koheil-Nedjdi, c'est quelques traits exceptionnels, — c'est sa haute taille, sa robe bai, sa longue épaule surtout, enfin ses oreilles un peu longues, mais gracieuses. Or, qui ne se souvient avoir déjà remarqué ces traits-là sur beaucoup de chevaux anglais que le Koheil rappelle involontairement ? »

[1] C'est-à-dire du Nedj, province de l'Arabie centrale, généralement reconnue pour produire la plus noble race de chevaux.

Il est à remarquer, à la suite de cette citation, que tous les chevaux de pur sang anglais sont bais ou alezans, deux couleurs qui, au fond, n'en forment qu'une, puisque la robe est la même et que les crins seuls diffèrent : noirs, chez le bai ; de la couleur de la robe, chez l'alezan. On peut, ce nous semble, en conclure que les barbes qui ont coopéré à la création de la race anglaise étaient bais ou alezans, et ce serait un indice très important qu'ils représentaient dans sa pureté le type primitif de la race arabe, dont la couleur bai serait, d'après M. Prisse d'Avenne, un des signes caractéristiques. M. le général Daumas, dans *les Chevaux du Sahara* et dans un article précité de la *Revue Contemporaine*, nous fait d'ailleurs connaître que les Arabes de l'Algérie estiment par-dessus tout les chevaux alezans et les bais, et que « l'émir Abd-el-Kader prétend que le cheval a été créé *Koummite*, rouge mêlé de noir, c'est-à-dire bai-brun ou alezan-brûlé. » Il raconte à ce sujet l'anecdote de Ben-Dyab, chef renommé du désert, qui vivait en l'an 905 de l'Hégire, et qui, poursuivi par Saad-el-Zanaty, chef des Youlad-Yagoub, ne s'émut que quand son fils lui apprit que les alezans-brûlés et les bais-bruns étaient en tête de l'ennemi : « En ce cas, s'écria Ben-Dyab, à la nage, mes enfants, à la nage, et du talon à nos chevaux, car ceux-ci pourraient bien nous atteindre, si, pendant tout l'été, nous n'avions pas donné l'orge aux nôtres ! »

M. le général Daumas, à cette occasion, émet l'opinion que la coïncidence d'une couleur déterminée et de qualités supérieures, dans un nombre donné d'individus d'une race domestique, indiquerait que cette couleur et ces qualités étaient celles de la race à l'état sauvage, et il ajoute : « Or, pour les chevaux arabes qui nous occupent, s'il est vrai que ceux d'entre eux de poil rouge mêlé de noir sont doués d'une vitesse supérieure, n'en pourrions-nous pas inférer que c'étaient là la couleur uniforme et les qualités natives de leurs pères ? » Ainsi, du rapprochement de ces divers témoignages il résulterait que le bai ou l'alezan serait la couleur primitive et typique de la race arabe, comme elle est la couleur unique et constante du pur sang anglais. Ce qu'il ne paraît pas d'ailleurs possible de contester, et ce qui est universellement reconnu en Angleterre, c'est que la persistance et l'uniformité de la couleur dans une race constituent un des indices les plus sûrs de son ancienneté et de son unité, c'est-à-dire de sa pureté. Il suffit, pour s'en convaincre, de remarquer que, dans l'état sauvage, où tous les individus d'une race sont soumis aux mêmes conditions physiques, où, par suite, l'identité du type est complète, ils sont tous aussi de la même couleur. Si donc on voit persister, depuis près de deux siècles, chez tous les individus de la race importée en Angleterre, une seule couleur qui serait précisément la couleur primitive et typique de la race arabe, qu'on la considère en Asie ou en Afrique, ce n'est pas seulement un indice que les premiers individus importés, d'où qu'ils vinssent, avaient bien le même sang et la même origine ; c'est, de plus, un des signes les plus décisifs que la race orientale naturalisée en Angleterre y a conservé son unité et son type, en s'incorporant en quelque sorte au sol, et qu'elle peut indéfiniment et sans altération s'y reproduire par elle-même. D'autre part, l'Angleterre étant ainsi dotée d'une race pure qui se maintient sans croisement, on a pu, en accouplant l'étalon de pur sang avec des juments qui n'avaient pas ou qui avaient seulement un certain degré de ce sang, obtenir des produits appropriés à chaque nature de besoins : l'attelage, la chasse, la promenade, etc. Mais on voit que la base de tout le système est le maintien d'une race pure, fournissant les étalons au moyen desquels on peut se procurer, par les diverses combinaisons du croisement, les chevaux de service les plus variés ; et, en vertu des principes que nous avons exposés précédemment, l'étalon de pur sang est seul employé, soit avec les juments de pur sang, soit avec les autres. Les chevaux de trait, et peut-être quelques races spéciales, anciennes, localisées, qui peuvent elles-mêmes être considérées comme pures, restent seuls en dehors de ce système.

Tel est l'ensemble des procédés grâce auxquels l'Angleterre possède, avec une race pure et typique, considérée à juste titre comme la première de l'Europe, ce nombre prodigieux de chevaux propres aux usages les plus divers, si différents de taille et de formes, mais ayant tous un air de famille, parce que tous se rattachent au pur sang. La richesse et la renommée de son espèce chevaline sont les sources d'une exportation et de bénéfices considérables ; et si cette exportation tend à diminuer par suite des progrès que la production des chevaux fait dans les autres États, cette décroissance même est un nouveau témoignage de l'excellence de la race anglaise, dont on peut dire qu'elle seule peut se faire concurrence sur les marchés, comme sur les hippodromes du continent, car c'est surtout à l'importation de cette race, à l'emploi de ses reproducteurs que sont dus les progrès réalisés dans les autres parties de l'Europe.

Cette grande expérience, poursuivie avec un tel succès, depuis près de deux siècles, est l'application la plus complète et la plus concluante des principes que nous avons exposés. Des exemples si voisins et si instructifs ne pouvaient être perdus pour la France, dont les belles et bonnes races avaient fini par se confondre et se fondre par l'abus du croisement, et par d'autres causes que nous aurons plus tard l'occasion de rechercher. Il est heureux que l'administration ait su de bonne heure mettre à profit ces enseignements, dans un pays où l'initiative du pouvoir sera longtemps encore si nécessaire ; et à ceux qui, malgré l'éloquence des faits, lui reprochent d'être entrée dans cette voie et s'efforcent de la rejeter dans l'ornière, nous nous réservons d'opposer plus loin les résultats obtenus, d'après cette parole de l'Evangile, qu'il faut juger un arbre à ses fruits.

III

Les expériences qui ont été faites en Angleterre sur les autres espèces domestiques, et notamment sur le gros et le menu bétail, pour remonter moins haut que celles relatives à l'espèce chevaline, n'en présentent pas moins un grand intérêt et confirment les résultats observés dans cette espèce, quant à l'impuissance radicale du croisement pour fonder une race qui puisse persister par elle-même, en conservant ses caractères propres.

Avant Bakewell, aucun effort important ne paraît avoir été tenté pour l'amélioration du bétail. Robert Bakewell commença à opérer en 1755, dans une ferme du Leycester shire nommée Dishley : d'où les noms de *New-Leycester* et de *Dishley*, sous lesquels est connue la race de moutons dont la formation lui est attribuée.

La création de la race bovine courtes cornes de Durham, attribuée en grande partie aux frères Charles et Robert Collins, ne remonte pas au delà du commencement de ce siècle ; mais depuis longtemps le nord de l'Angleterre possédait une race courtes cornes renommée pour la production de la viande et du lait.

Ces deux races, les bœufs Durham et les moutons Dishley, présentent une grande analogie, par les procédés employés pour les produire comme par les résultats obtenus. Le moyen principal a été, de part et d'autre, le croisement sans limite, sans égard pour les origines ni les affinités, en vue seulement de réaliser un type préconçu. Le résultat a été la réduction excessive de la tête et des extrémités comme du système osseux en général, des formes généralement cylindriques ; par suite une plus grande production de viande et une plus grande faculté d'engraissement. La race bovine perfectionnée de Durham est de plus assez laitière.

Les procédés employés par Bakewell et les frères Collins devaient produire des effets rapides et attirer l'attention ; mais, en même temps, les propriétaires des grandes races autochthones et anciennes, stimulés par ces expériences, tentaient la solution du problème par une autre voie, celle du choix et des réformes, sans sortir de la race, ce que les Anglais, par une ellipse expressive mais excessive, appellent agir *in and in* (de dedans en dedans). Les résultats obtenus par cette méthode ont été moins prompts et en apparence moins brillants, moins extraordinaires, mais plus durables; ils n'ont pas été achetés par les inconvénients que nous allons signaler et les races ont été améliorées sans être altérées dans leur essence même.

Quant aux inconvénients des races nouvelles et factices, ils ont été indiqués, avec toute l'autorité d'une pratique intelligente et nullement exclusive, par un agriculteur anglais, H. Stephens, dans le Livre de la Ferme (*the Book of the Farm*). A raison du défaut d'homogénéité, les diversités de forme et d'organisation qui ont été combinées dans l'origine, afin de compenser certains défauts par certaines qualités contraires, tendent toujours, après un certain nombre de générations, à reparaître dans les produits : d'où nécessité de nouveaux croisements pour ramener la race au type conventionnel. Nous avons vu d'ailleurs précédemment que ce fait était reconnu expressément par Buffon. Ce besoin du croisement en permanence est encore accru dans ces races factices par l'infécondité relative des mâles. En fabriquant, par exemple, des taureaux Durham conformes au type le plus favorable à l'engraissement, dont le tempérament acquiert, par suite, une remarquable placidité, et qui par là, autant que par leurs formes, diffèrent du taureau andaloux, destiné aux combats du cirque, on tend à s'éloigner de plus en plus des signes éternels de la taurilité, tels que Virgile les exige, comme indices de fécondité, même chez les femelles :

..... Cui turpe caput, cui plurima cervix
Et crurum tenùs a mento palearia pendent[1]

Les femelles de ces races créées de toutes pièces, dans le seul intérêt de l'engraissement, sont aussi peu fécondes. On sait qu'un certain degré d'obésité frappe de stérilité les femelles de tous les animaux. Mais dans les races anciennes et natives, cet effet de la graisse, sur les mâles comme sur les femelles, est beaucoup moins sensible. Ainsi Stephens cite un troupeau d'Hereford perfectionné qui n'était nourri que d'ajonc broyé et qui se maintenait très gras en demeurant très fécond.

Nous empruntons encore au même auteur le fait suivant, qui peut jeter quelque lumière sur ce qu'il y a d'incertain dans l'origine et de précaire dans la durée de ces races factices si vantées :

« Quand Bakewell mourut, il laissa sur sa ferme un excellent

[1] *Georg.*, lib. III.

troupeau de moutons, peut-être le meilleur du royaume, eu égard à sa destination. Son successeur laissa les choses suivre leur cours ; en peu de temps le troupeau se fondit. Ce cultivateur fut remplacé par un fermier du Derbyshire, qui amena un bon troupeau qui avait beaucoup de sang *bakewellien*. Mais quand il vit qu'il déclinait, il fit venir de son comté un gros bélier fort rustique, un animal à la tête puissante, aux gros os, aux muscles vigoureux, et, grâce à cette manière d'opérer, ce troupeau conserva longtemps sa célébrité. »

Ces exemples nous paraissent suffisants pour démontrer qu'une race qu'on a prétendu créer par des croisements ne peut vivre que par des croisements nouveaux, ne peut se maintenir par elle-même, en un mot, n'est pas une race telle que nous l'avons définie.

Un autre inconvénient considérable des prétendues races dont il s'agit c'est qu'elles ne sont pas et ne peuvent pas être rustiques, parce qu'elles ne sont pas anciennement appropriées au pays où elles doivent vivre. Leur organisation n'étant pas, comme chez les races natives, le résultat d'une sorte d'incorporation au sol, mais étant l'œuvre de l'homme, elles ont besoin d'être protégées contre la température par des soins excessifs ; elles ont également besoin d'une nourriture très abondante. Il est vrai qu'elles rendent une quantité de viande et de graisse correspondante ; mais on commence à s'apercevoir en France, et l'on a depuis longtemps reconnu en Angleterre, que la quantité, au delà d'une certaine limite, n'est obtenue qu'aux dépens de la qualité. La production à bon marché de cette viande insipide peut être nécessaire dans les parties de l'Angleterre où les fabriques et les houillères abondent, où les ouvriers ont besoin d'une nourriture très substantielle et y sont accoutumés. Mais ni le bœuf Durham ni le mouton Dishley ne paraissent sur les tables des classes riches (*nobility*, *gentry*). La viande la plus recherchée à Londres est celle du bœuf qui erre à l'état demi-sauvage sur les montagnes occidentales de l'Ecosse (West-Higlander), race très ancienne, très primitive, essentiellement rustique, assez rebelle à l'engrais, dont la conformation, au point de vue de la boucherie, est loin d'être irréprochable, mais dont la chair a, pour les Anglais, une saveur presque égale à celle de la venaison.

Nous avons dit que l'attention qu'avaient éveillée en Angleterre les expériences de Bakewell et des frères Collins, quelle que fût la valeur de leurs procédés et des résultats, avait eu cet excellent effet de pousser à l'amélioration des races anciennes par la sélection. Au point de vue de la production de la viande, les résultats obtenus par cette voie ont été à peu près égaux à ceux réalisés par le croisement, pour la quantité, et supérieurs, pour la qualité. Ce dernier point est généralement reconnu aujourd'hui en Angleterre. Nos observations précédentes nous dispensent d'insister sur les autres avantages de cette méthode. Ils nous paraissent ressortir d'une manière sensible dans les races d'Hereford et de Devon, qui ont conservé tous les signes caractéristiques de leur ancienneté et de leur unité, leur couleur uniformément rousse, leurs grandes et hautes cornes, comme celles de toutes les races bovines primitives; qui, de plus, ont conservé toutes leurs qualités natives et leur rusticité; qui cependant, par leur conformation et leur précocité, la facilité à prendre la graisse, se sont excessivement rapprochées des races factices, produisent, à peu de chose près, autant de viande, et la produisent meilleure.

Il ne peut entrer dans le cadre restreint de ce travail de passer en revue toutes les races des îles britanniques. Nous nous bornerons à remarquer que la magnifique race écossaise des bœufs d'Angus, noire et sans cornes, également bonne pour la production de la viande et du lait, à la fois si parfaite et si rustique, paraît avoir été importée d'Asie, et se serait maintenue et améliorée, sans croisement, dans des conditions de sol et de climat si différentes de l'habitat primitif.

Quant à l'espèce ovine, dont nous aurons l'occasion de reparler quand nous nous occuperons de nos races françaises, parmi les races anglaises les plus renommées et considérées comme les plus anciennes, les cheviot, originaires des montagnes qui séparent l'Ecosse de l'Angleterre, New-Kent du comté de Kent, Costwold du comté de Glocester, nous n'en voyons aucune sur laquelle il ait été procédé comme sur les races bovines d'Hereford et de Devon, et qui soit vierge de tout croisement. La race southdown nous paraît seule comparable à ces races bovines par la nature comme par le résultat de l'expérience à laquelle elle a été soumise. Ces moutons tirent leur nom des collines calcaires appelées Dunes du sud, qui s'étendent, près de la ville élégante de Brighton, dans le comté de Sussex, sur la côte méridionale de l'Angleterre, en face de celle de France, et qui sont enclavées dans des plaines richement cultivées. Cette contrée a toujours nourri des races ovines estimées. C'est en 1780 qu'Ellmann a entrepris d'améliorer celle qui nous occupe, dans la ferme de Glynde, au moyen du choix des reproducteurs toujours pris dans la race même et aussi par une nourriture plus substantielle et l'emploi des fourrages artificiels. Les résultats obtenus, au point de vue de la boucherie, ont été aussi complets que pour les races bovines traitées par le même procédé, et l'on a également conservé les caractères distinctifs de l'ancienne race, tels que la tête et les jambes brunes, et ses qualités primitives, la saveur de la viande et la rusticité. Nous ne parlons pas de la laine qui est restée en dehors de l'expérience.

Nous dirons peu de chose de l'espèce porcine et il serait sans intérêt, pour le but que nous nous sommes proposé, d'énumérer les races si variées que possède l'Angleterre. Ici, l'objet unique qu'il s'agissait d'atteindre semblait être la précocité et la faculté d'engraissement. On sait à quels résultats prodigieux on est arrivé sous ce rapport, mais on y trouverait encore la confirmation des faits que nous avons exposés et il serait facile d'établir que parmi les races indigènes ou importées de Portugal, d'Asie et de la mer du Sud, celles qui ont été améliorées sans croisement sont restées les plus fécondes et donnent la viande la plus savoureuse. Du reste nous reconnaissons que, pour l'espèce porcine, le problème à résoudre change d'aspect et les procédés peuvent varier, suivant le point de vue auquel on se place ; et si l'on ne se propose que de produire la plus grande masse de viande au plus bas prix, ce qui est un résultat des plus importants sous le rapport économique et social, nous admettons qu'on poursuive ce but par tous les moyens et qu'on se préoccupe plus des produits que du maintien des races.

IV

L'application complète et détaillée des observations qui précèdent à toutes nos espèces domestiques exigerait des développements que ne comportent ni le but ni les bornes de ce travail. Nous devons nous restreindre à quelques aperçus qui suffiront pour indiquer dans quelle mesure cette application nous paraît utile et possible et dans quelle direction nous croyons qu'on peut marcher.

En ce qui touche l'espèce bovine, la France nous paraît admirablement dotée et nous croyons qu'elle peut d'ors et déjà se suffire à elle-même, sauf à agir, par la sélection, sur les races si variées, si anciennes, et par cela même si fortement caractérisées, si heureusement appropriées, qu'elle possède. Toutes ont leur raison d'être et leurs qualités propres, qui peuvent être aisément développées, suivant les temps, les lieux et les besoins, par une étude et des soins intelligents. Ainsi il convient, suivant nous, de maintenir la race bretonne telle que l'ont faite les landes de l'Armorique, et de la réserver pour les contrées auxquelles elle peut seule fournir son lait abondant et butireux contre une nourriture peu substantielle. Il est sage de conserver longtemps encore, au moins dans une certaine mesure, à nos fortes et belles races du sud-ouest une conformation qui restreint, il est vrai, la production de la viande, mais qui est en rapport avec le travail qu'on exige de ces races dans une région où les progrès de l'agriculture, retardés par le colonnage et la rareté des capitaux, ne permettront pas peut-être de suppléer à ce travail avant un siècle. En revanche, dans le centre, le nord, le nord-est et le nord-ouest, l'état de la culture permet de ne demander à l'espèce bovine que la viande et le lait, et, sous ce double rapport, il reste peu à faire pour obtenir, par la sélection, des résultats égaux sinon supérieurs à ceux qu'on va admirer en Angleterre. Il nous suffira de donner pour exemple cette magnifique race normande, à la fois si propre à l'engraissement et si bonne laitière, la flamande, laitière par excellence, et la charolaise, dont la conformation est si belle et si fine, qui est si facile à l'engrais et dont la blancheur de neige, signe caractéristique d'ancienneté et d'unité, rappelle les bœufs blancs du Clitumne auxquels était réservé l'honneur de traîner le char triomphal aux temples du Capitole :

Hinc albi, Clitumne, greges, et maxima taurus
Victima sæpe tuo perfusi flumine sacro,
Romanos ad templa Deûm duxere triumphos [1].

Dans des races aussi belles, aussi anciennes, aussi persistantes, aussi fortement adhérentes au sol, l'éleveur intelligent peut tailler en plein drap, au moyen de la sélection, et il dépend de lui d'obtenir les résultats les plus divers et les plus complets. Le problème le plus intéressant à résoudre dans ces races dont on n'exige pas de travail sera de faire concourir au même degré la puissance lactifère et la faculté d'engraissement, la réunion de ces deux qualités, qui physiologiquement nous paraît pouvoir toujours être obtenue dans une certaine mesure, constituant la perfection de la race bovine, au point de vue de la domestication.

D'ailleurs, en constatant avec bonheur que la France peut se suffire pour l'amélioration de ses races bovines, nous n'excluons d'une manière absolue ni l'importation des races étrangères ni le croisement avec ces races ; mais toujours à la condition, quant aux croisements, qu'ils n'auront pas pour but de créer une nouvelle race de toutes pièces, mais seulement des individus réunissant ou compensant les caractères de deux races distinctes ; et, quant à l'importation, qu'elle n'aura pour objet qu'une race ancienne, formée et développée par elle-même, sans croisement, et que le pays où elle sera transférée présentera des analogies suffisantes, par le climat, le sol et la nature des pâturages, avec le pays d'origine : ainsi, nous admettons les essais

[1] Virgile, *Géorgiques*.

qui seraient faits pour naturaliser en Bretagne la race écossaise d'Ayr, surtout l'irlandaise de Kerry et celle d'Alderney, qui toutes trois ont une affinité et une parenté évidentes avec la race armoricaine[1]. Nous croyons également dignes d'intérêt les expériences que poursuit en ce moment, et jusqu'à présent avec un véritable succès, la société impériale d'acclimatation, pour naturaliser le yack du Thibet dans les montagnes de l'Auvergne, où il pourra remplacer avec un grand avantage la chèvre si destructive, en fournissant à la fois un lait exquis, une laine soyeuse et une somme de travail proportionnée et appropriée à la culture des lieux escarpés.

L'espèce ovine peut être considérée à deux points de vue : la production de la viande et celle de la laine. M. L. de Lavergne, dans son livre excellent sur l'économie rurale de l'Angleterre, remarque que, depuis un siècle environ, les deux pays ont suivi, dans l'éducation des troupeaux de moutons, deux tendances opposées. « Il y a toujours eu, dit-il, beaucoup de moutons en Angleterre ; ces îles étaient déjà, sous ce rapport, célèbres du temps des Romains..... Déjà, il y a près de trois siècles, au moment où l'esprit commercial et manufacturier commençait à se développer en Europe, l'élève des moutons avait pris en Angleterre une extension inusitée partout ailleurs. C'était alors la laine qu'on recherchait avant tout. » Nous ajouterons que, à l'époque où se reporte M. de Lavergne, la laine que l'Angleterre fournissait aux fabriques du continent, et particulièrement de la Flandre, était à peu près le seul article de ce commerce qui embrasse aujourd'hui le monde entier et l'inonde de ses produits. Le sac de laine sur lequel siége encore le lord-chancelier, quand il préside la Chambre haute, suffirait pour attester, par un symbole d'une crudité vraiment britannique et d'un sens profond, le fait remarquable que nous rappelons et l'importance vitale que la tradition attachait à cette industrie. Mais si le climat et le sol de l'Angleterre sont éminemment favorables à la production de la viande, ils ne paraissent pas l'être également à la qualité de la laine. Ce commerce primitif a donc dû échapper, par la force des choses, à ce pays quand les progrès du luxe sur le continent ont exigé des étoffes moins grossières et quand certaines parties de l'Europe, l'Espagne la première, en créant lentement, sur le plateau des Castilles, la précieuse race mérinos, ont commencé à fournir des laines plus fines que l'Angleterre ne pouvait

[1] Il est reconnu en Angleterre que la vache fauve de l'île d'Alderney, ou Aurigny, vient de la vache bretonne, et l'on croit généralement que la race écossaise d'Ayr vient de celle d'Alderney. Quant au bœuf de Kerry, il suffit d'avoir vu la race bretonne pour reconnaître du premier coup d'œil la communauté d'origine. Toutes ces petites races sont également laitières, et celle d'Alderney, comme la bretonne, se distingue par la qualité butireuse de son lait.

en donner. Dans la deuxième moitié du siècle dernier, quand certaines puissances, notamment la Saxe et la France, importaient d'Espagne cette race sur leur sol, on sait avec quel succès, le roi Georges III, jaloux de faire renaître la vieille industrie anglaise de la laine, fit des tentatives semblables, et qui, sans échouer complétement, ne furent pas assez heureuses pour atteindre le but qu'il se proposait. Dès lors, avec cette décision hardie et radicale, cet instinct infaillible qui guide ce peuple dans la poursuite de ses intérêts et lui épargne les demi-mesures, l'agriculture anglaise opta pour la production de la viande. Cette tendance nouvelle, stimulée et favorisée par les expériences de Bakewell, qui datent de cette époque, a conduit à des résultats d'autant plus rapides et plus complets qu'elle procédait évidemment dans le sens indiqué par la nature du sol et du climat. C'est au contraire à partir de cette époque qu'en France, d'après M. L. de Lavergne, « la laine a été considérée comme le produit principal et la viande comme le produit accessoire. »

Colbert qui, en matière économique, a devancé son temps et a frayé la voie à tous les progrès, avait déjà importé des mérinos, et des croisements de cette race paraissent avoir eu lieu, à diverses époques, sur la frontière espagnole, dans le Roussillon et le Béarn ; en 1766, Daubenton importait un troupeau de pur-sang sur son domaine de Montbard ; mais c'est seulement en 1786 que le gouvernement de Louis XVI a doté la France du troupeau de Rambouillet, qui est devenu la souche féconde de nombreuses familles de mérinos aujourd'hui répandues sur tout le territoire. On sait que, loin de dégénérer sur le sol français, la race s'y est perfectionnée et qu'on a vu les Espagnols venir chercher en France des reproducteurs. Aujourd'hui, grâce à cette grande acquisition nationale, nous n'avons rien à envier aux autres pays, quant à la production des laines les plus fines, et, par exemple, celle du troupeau de Naz, dans l'arrondissement de Gex, département de l'Ain, ne le cède pas à la laine de la race électorale. Il semble d'ailleurs que, contrairement à ce que nous avons observé en Angleterre, le sol et le climat de la France aient une disposition naturelle à produire des laines fines. On remarque cette tendance dans ses races les plus anciennes, les plus rustiques et les plus primitives ; il nous suffira de citer celle du Berry, appelée *moutons de Champagne*, du nom autrefois donné aux plaines déboisées où on les trouve. Leur laine ressemble à celle du mérinos. « Elle était jadis si estimée, dit M. Magne, que, d'après les institutions consulaires de Jean Toubeau, les gens de condition stipulaient, dans les contrats de mariage, qu'on donnerait une robe de drap de fine laine du Berry à la future épouse. » On peut dire, d'une manière générale, que les races françaises les plus communes et les plus négligées fournissent naturellement une laine supérieure en qualité à celle des premières races de l'Angleterre, pour lesquelles, il est vrai, la nature est aujourd'hui à peu près abandonnée à elle-même, sous ce rapport.

On voit par ce qui précède que, pour la production des laines les plus fines, comme des qualités intermédiaires, sans lesquelles les premières ne peuvent être mises en œuvre, la situation de la France est favorable et le progrès facile. En ce qui touche la production de la viande, il n'en est pas de même et il reste beaucoup à faire. Si la qualité est généralement bonne, il reste à accroître la quantité, la facilité à prendre la graisse et la précocité. Mais quoique l'état de nos races ovines soit loin d'être aussi satisfaisant que celui de nos races bovines, nous pensons qu'il présente assez de ressources pour qu'on puisse encore procéder par la voie de la sélection, ainsi que nous l'avons indiqué.

Ici l'on rencontre une question importante et délicate. Peut-on développer à la fois, dans une même race, d'une part, la production de la viande et la faculté d'engraissement ; d'autre part, la quantité et la qualité de la laine? Ce n'est pas le lieu d'approfondir cette question et nous nous bornerons à remarquer que la production de la laine fine et celle de la viande semblent exiger des conditions de sol et de climat opposées : pour l'une les terrains secs bien égouttés ; pour l'autre les terrains humides, où l'on trouve les gras pâturages ; qu'une nourriture abondante, et telle qu'elle est nécessaire pour la production de la bonne viande, semble exclusive du tempérament un peu mol et lympathique, des tissus animaux doux et fins qui peuvent seuls produire les laines précieuses ; que, d'autre part, cette constitution spéciale exclut aussi la rusticité, qu'il est si important de conserver à l'espèce ovine. Nous ne pouvons encore ne pas tenir compte de cette observation que, en fait, c'est dans les races qui fournissent la laine la plus fine, telles que la race électorale et le troupeau de Naz, que la conformation est la plus défectueuse, au point de vue de la boucherie, et que ces races sont les plus rebelles à l'engrais. Nous remarquons, en passant, que le mouton sauvage ou mouflon n'a pas de laine, mais un poil court et rude ; qu'en conséquence le mouton domestique est un animal artificiel, et que plus il est chargé de laine, plus cette laine est fine, plus il s'éloigne de l'état de nature qui est considéré comme le plus parfait au point de vue de la qualité de la viande. Enfin quand nous voyons les agronomes anglais qui ont accompli tant de merveilles en pareille matière, dont l'expérience est si ancienne, le tact si sûr et la résolution proverbiale, renoncer à rechercher à la fois la production de la viande et celle de la laine, nous croyons qu'il est sage de suivre leur exemple et de se conformer au précepte antique et populaire en ne chassant pas deux lièvres à la fois.

En présentant ces observations, que nous croyons fondées sur le raisonnement et sur les faits, nous n'avons la prétention d'instruire personne, mais nous pensons que, avec plus d'autorité que nous n'en possédons, on pourrait dire aux agriculteurs français : Avant de rien entreprendre, sachez bien ce que vous voulez faire ; optez résolûment entre la viande et la laine, comme l'ont fait les agriculteurs anglais, mais avec cette heureuse différence que votre choix sera libre : si vous voulez de la laine, ayez des mérinos : si vous préférez la viande, agissez par la sélection sur quelqu'une de nos vieilles races indigènes, les plus rustiques, les moins exigeantes, les plus pures de tout croisement, les berrichons, solognots, limousins, landais, bretons, etc. ; aux effets de la sélection ajoutez ceux d'une nourriture plus substantielle, plus abondante, de soins intelligents, tout en vous gardant de diminuer la rusticité. En ne cherchant que la viande, il pourra vous arriver de rencontrer la laine, mais ne la considérez jamais que comme accessoire. Prenons pour exemple le mouton de la Sologne dans l'état où l'a réduit la maigre nourriture que son pays natal peut lui fournir : il a conservé une conformation régulière et même assez fine ; par cette conformation, par sa tête et ses membres nus et de couleur brune, il présente des analogies singulières avec la race anglaise Southdown qui ne pouvait beaucoup en différer quand elle paissait, à l'état primitif, sur les dunes méridionales de l'Angleterre qui lui ont donné leur nom, et qu'Ellmann la prit en 1780 pour l'améliorer. Les moutons solognots, produit naturel d'une des parties les moins favorisées de la France, sont essentiellement sobres et rustiques. L'expérience a démontré que les brebis de cette race, importées pleines dans le Gâtinais et la Brie, donnent des agneaux plus grands qu'elles, et qu'une génération ou deux suffisent, dans les contrées fertiles, pour doubler la taille de la race[1]. On voit qu'il semble possible de métamorphoser les solognots en southdown français plus rustiques et dont la laine serait bien supérieure. Quant à ceux qui n'auraient pas la patience d'attendre l'effet certain mais lent des procédés que nous avons indiqués, sur les races indigènes, et qui préféreraient profiter immédiatement des résultats obtenus à l'étranger, en important des races exotiques, nous ne pourrions que les renvoyer aux observations générales que nous avons présentées sur le choix de la race et les conditions de sol et de climat dont il doit être tenu compte dans l'importation. Parmi les moutons anglais, la

[1] J.-H. Magne, *Étude de nos races d'animaux domestiques.*

race Southdown paraît prendre faveur en France, et nous croyons que c'est avec raison. En effet, cette race est très ancienne et sa conformation admirable, les autres qualités qu'elle possède, pour la boucherie, n'ont été acquises et ne se maintiennent que par la sélection, sans aucun croisement. Nous engagerons seulement les agriculteurs qui voudraient importer cette race à grands frais[1] à ne pas perdre de vue :

1° Qu'ils ne doivent en attendre qu'une laine inférieure en qualité à celle de la plupart de nos races indigènes ; 2° qu'elle exige une nourriture substantielle et abondante et que le développement de cette race en Angleterre se lie à la culture des turneps et autres fourrages artificiels ; 3° que la rusticité qu'on attribue à ces moutons est relative et qu'ils exigent plus de soins et exposent à plus de déchet qu'aucune de nos races indigènes.

Pour l'espèce porcine, nous reconnaissons que la situation de la France est autre que pour les deux espèces précédentes, et nous croyons qu'il y a un intérêt économique et social du premier ordre à ce que l'importation des races perfectionnées soit encouragée et pratiquée. En effet, il s'agit ici de la sorte de viande qui peut être produite au meilleur marché, en plus grande abondance, et qui, dès lors, est le plus accessible aux classes pauvres. Pour faire sentir à ce point de vue l'énorme supériorité de certaines races étrangères, notamment de celles qui ont une origine asiatique, il nous suffira de rappeler qu'elles sont susceptibles d'atteindre, à l'âge de six mois, un degré de graisse suffisant pour la vente ; qu'au même âge les femelles de ces races sont fécondes et commencent à donner régulièrement deux portées par année. Si l'on évalue en moyenne le produit de chacune de ces portées à huit, soit seize porcelets par an, l'on sera confondu de la masse alimentaire qui pourra être fournie par une femelle, directement ou par l'intermédiaire de ses produits, dans une période donnée. Nous ne parlerons pas de ce que tout le monde connaît, la conformation de ces races, dans lesquelles on est arrivé à produire des corps complétement cylindriques avec une tête et des extrémités réduites à leur plus simple expression possible. Mais nous insisterons sur ce point que leur engrais s'opère avec une facilité merveilleuse et que la nourriture de ces monstrueux animaux ne coûte pas en moyenne plus de dix à quinze centimes par jour. Ces faits nous paraissent suffisants pour nous autoriser à voir dans l'importation de ces races précieuses, si elle était encouragée par des moyens énergiques et sur une grande échelle, la solution du grand problème de la vie à bon marché, de la nourriture

[1] Nous avons vu un bélier qui avait été payé en Angleterre 7.030 fr.

animale pour le pauvre, l'avénement de la poule au pot, promise il y a trois siècles par le Béarnais, que Jacques Bonhomme attend encore en vivant de châtaignes et de pommes de terre, et qui risquerait de demeurer longtemps à l'état de mythe si elle n'était représentée avec avantage par le porc à l'engrais.

A l'expression de ce vœu, nous n'ajouterons qu'une réserve, c'est qu'en naturalisant les races dont il s'agit, on leur conservera, par le mode d'éducation, une activité suffisante pour que les porcs puissent aller à la glandée partout où le pays le permet, afin de combattre deux inconvénients que la nature a attachés à cette faculté prodigieuse d'engraissement, savoir la tendance à la stérilité et l'insipidité de la viande. Nous sommes d'ailleurs fondé à croire que cette condition pourrait être accomplie, d'après cette observation que les individus de ces races sont dans leur enfance d'une extrême vivacité et que, en fait, des races d'origine asiatique, la portugaise par exemple, conservent une certaine activité en engraissant avec une grande facilité.

Ce qui précède, bien entendu, n'exclut en aucune manière la conservation et l'amélioration de nos races indigènes dont quelques-unes ont des qualités précieuses et dont le lard, plus fin et plus savoureux que celui des races asiatiques-anglaises, doit être réservé pour les goûts plus difficiles et les bourses mieux garnies. Sans parler des porcs craonnais et augerons, dont la valeur est assez connue, il existe en Bourgogne, particulièrement dans le Charolais, des familles porcines dont la conformation est assez bonne pour devenir le point de départ d'améliorations importantes, et l'on trouve dans l'ouest de cette ancienne province une race qui peut s'engraisser en huit ou neuf mois. Il y a là évidemment quelque chose à faire. Nous verrions aussi avec regret disparaître cette petite race noire, errant à l'état demi-sauvage dans les forêts marécageuses qui s'étendent au pied des Pyrénées, qui nourrie sur les vastes communaux de ces contrées, est une ressource si précieuse pour l'alimentation des pauvres, et qui fournit en même temps à la table du riche les jambons si justement renommés de Bayonne, objet d'un commerce qui peut être évalué à près d'un million.

V

Nous terminerons ce travail par quelques considérations sur l'espèce chevaline, par rapport à la France, et sans nous faire sortir du cercle restreint qui nous est imposé, les intérêts divers et considérables qui se rattachent à cette partie de la question exigeront plus de développement que pour les autres espèces.

On sait que la France possédait, pour la selle et les attelages de luxe, des races anciennes et justement estimées. Nous nous bornerons à en mentionner trois, comme étant les plus caractérisées et les plus distinguées, savoir : les races normande, limousine et navarrine.

La race normande, également propre à la selle et à l'attelage, avait la tête légèrement busquée, des formes pleines et arrondies, le rein un peu long et ensellé ; elle était peu vite, mais estimable par sa docilité, son fonds et sa durée. Napoléon Ier a remarqué que, seule, elle avait pu résister à la terrible campagne de Russie. Nous croyons pouvoir lui assigner une origine commune avec les anciennes races du Royaume-Uni, c'est-à-dire le Danemark.

La race limousine, dont l'origine évidemment orientale doit être reportée aux croisades, possédait une taille assez élevée pour cette origine, une construction à la fois solide et élégante, quoique un peu sèche et grêle, des formes un peu anguleuses, une tête légère et expressive avec des oreilles longues, une peau fine, des crins ondoyants et soyeux, un ensemble qui rappelait vaguement l'aspect du mulet ; elle était éminemment propre à la selle et remarquable par son fonds autant que par sa vitesse. Elle était connue par cette particularité qu'elle n'arrivait au complet développement de sa force et de ses qualités qu'à l'âge où les autres races commencent à décliner : d'où une durée exceptionnelle.

La race navarrine, qu'on rencontrait dans les vallées des Pyrénées et qui avait évidemment une origine commune avec les races espagnoles, c'est-à-dire barbe, était aussi propre à la selle. Elle se distinguait par une tête un peu longue, legèrement busquée, un coffre puissant, très près de terre, une encolure rouée et par la souplesse et le fonds.

Nous considérons ces trois grandes races françaises comme éteintes et par l'effet de trois causes principales : 1° les croisements multipliés et plus ou moins intelligents auxquels ces races ont été soumises depuis un siècle, soit entre elles, soit avec des races étrangères ; 2° l'extinction ou la dépossession, des grandes familles militaires, longtemps propriétaires du sol, qui avaient créé ou importé ces races et les entretenaient à grands frais, dans leurs haras, par goût et par tradition ; cause aggravée et perpétuée par la division de la propriété résultant de l'égalité des partages ; 3° les guerres de la révolution et de l'empire, qui, en mettant pendant vingt-cinq ans la population de la France en coupe réglée, ont dû consommer encore plus de chevaux.

La situation actuelle de la France, sous le rapport de la richesse chevaline, nous paraît pouvoir être résumée ainsi qu'il suit :

A nos yeux, le fait dominant est l'importation de la race anglaise dite pur sang. Depuis quarante ans, cette race précieuse, dont nous avons essayé de faire plus haut l'histoire, s'est reproduite, par elle-même, sur le sol français, par sept ou huit générations successives, et le signe le plus manifeste qu'elle n'y a point dégénéré, que cette conquête nous est définitivement acquise, c'est que les chevaux français issus de cette filiation ont prouvé qu'ils pouvaient lutter avec honneur sur les hippodromes de l'Angleterre.

Si, comme nous l'avons constaté, les anciennes races ont disparu, au moyen des reproducteurs de la race importée, le sang anglais a été répandu dans toutes les régions de la France où il pouvait l'être avec avantage, et on le retrouve aujourd'hui chez une foule de chevaux que cette infusion a anoblis et appropriés à des usages très variés. Il suffit, pour s'en convaincre, d'observer, comme l'exemple le plus frappant, les heureux effets de cette intervention en Normandie, où, sous l'influence des affinités d'origine et de conditions physiques analogues, on voit se renouveler d'une manière si complète, par les croisements avec le pur sang anglais, tous les résultats depuis longtemps acquis en Angleterre, quant à la production des chevaux de service.

Dans le Limousin, où les conditions physiques étaient différentes, les pâturages moins gras, le climat plus sec, l'ancienne race plus fine et d'origine orientale, l'infusion du pur sang anglais a dû produire des résultats moins satisfaisants et moins variés. Comme nous avons déjà eu l'occasion de le remarquer, et par une influence du terroir qu'il est plus facile de constater que d'expliquer, le pur sang anglais lui-même, en se naturalisant dans cette région, semble avoir emprunté quelques-uns des caractères de l'ancienne race. Cependant, là encore, les croisements ont accru la taille et fait des chevaux plus étoffés, plus propres à l'attelage.

Dans la région du sud-ouest, et particulièrement dans le voisinage des Pyrénées, le pur sang anglais a rencontré des conditions de terroir et de climat et une nature de chevaux encore plus rebelles à son influence que dans le Limousin. Les reproducteurs orientaux y ont au contraire admirablement réussi. La race arabe semble être ici chez elle ; aujourd'hui, dans ces contrées, grâce aux étalons de cette race, on rencontre peu de chevaux qui ne possèdent quelques gouttes de sang oriental, et nous avons vu, en parcourant la plaine de Tarbes, de véritables enfants du désert frémissant dans les brancards d'une ignoble charrette.

Les observations qui précèdent nous font penser qu'à défaut des anciennes races éteintes, la naturalisation accomplie de la race anglaise pure et les croisements, au moyen des étalons de pur sang anglais et arabe, assurent à la France des ressources suffisantes, pour la selle et les attelages de luxe, comme pour la remonte de la cavalerie, et peuvent satisfaire tous les besoins de cet ordre.

Il nous reste à parler de la race qui paraît s'être toujours maintenue par elle-même, de temps immémorial, sans aucune dégénérescence appréciable : il s'agit de la race de trait qui, par son origine et sa destination, semble incorporée au sol et a dû échapper aux trois causes de destruction qui ont agi sur les races de luxe.

Aujourd'hui, quand il est question de chevaux de trait, on pense d'abord aux percherons, dont on parle beaucoup depuis quelque temps, et qui jouissent d'une sorte de vogue d'ailleurs parfaitement méritée. Nous sommes bien éloigné de vouloir diminuer cette faveur; mais, au risque de heurter des idées fort répandues, nous sommes obligé de rechercher s'il existe en réalité une race percheronne, en ce sens que la contrée dont il s'agit posséderait une race de chevaux qui lui soit propre et qui présente des caractères particuliers.

La contrée d'où l'on tire ces chevaux et qui correspond à une partie des départements de l'Orne, d'Eure-et-Loir, de Loir-et-Cher et de la Sarthe, est un pays de grande culture et de culture perfectionnée, produisant beaucoup de céréales et employant beaucoup de chevaux pour les travaux agricoles. Se trouvant d'ailleurs placés entre les régions qui produisent les meilleurs chevaux de trait et celles qui en consomment le plus, en tête desquelles il faut compter l'île de France et Paris, les grands fermiers du Perche et aussi de la Beauce, qui est contiguë, ont été conduits à profiter de cette situation pour réaliser des bénéfices assurés, par le commerce des chevaux, tout en pourvoyant aux besoins de leur culture. En conséquence, s'il naît des chevaux, et de bons chevaux de trait, dans le Perche, c'est moins un centre de production qu'un pays d'élevage et d'entrepôt. Au lieu de produire des chevaux qui ne peuvent être vendus qu'à l'âge de 4 ans, un grand nombre de cultivateurs de cette contrée trouvent plus d'avantage à acheter des poulains dans les régions environnantes, particulièrement en Normandie, en Bretagne, en Poitou, dans l'Artois, la Picardie, le Boulonnais; ils les gardent pendant quelques années, en ne leur imposant qu'un travail proportionné à leurs forces et leur fournissant une nourriture des plus abondantes, dont le grain est la base. C'est ainsi qu'ils font ces magnifiques chevaux qui sont revendus sous le nom de Percherons, mais qui, pour la plus grande partie, sont nés partout, hormis dans le Perche.

Ce fait peu connu, en dehors des hommes spéciaux, est constaté et développé avec une autorité et une expérience qui ne seront pas contestées, par M. J.-H. Magne, dans son important ouvrage déjà cité. Il remarque que les contrées dont il s'agit, quoique comprises dans ce que les géologues appellent le bassin de Paris, sont fort inégalement fertiles, et il ajoute : « C'est ce qui nous explique pourquoi les anciens auteurs ont peu parlé des chevaux que nous étudions. Ces animaux, au lieu d'être le produit naturel du sol, n'ont été formés que lorsque l'homme, par les progrès de la culture, a pu ajouter à l'influence naturelle des pâturages l'influence artificielle de bons aliments distribués à la crèche. » On a pourtant cherché à établir l'existence d'une ancienne race percheronne, que les uns ont fait venir des chevaux bretons, les autres des chevaux anglais et même des arabes, à l'époque des croisades. On attribue surtout à Geoffroy IV, seigneur de Montdoubleau, la propagation du sang oriental dans le Perche et la Beauce.

Que, au retour de la Terre-Sainte, la noblesse de cette contrée ait ramené des chevaux orientaux et les ait employés comme reproducteurs, ce serait un fait assez naturel et qui s'est présenté dans d'autres provinces ; mais que l'influence de ces reproducteurs se soit étendue aux chevaux de trait, c'est ce qui ne nous paraît nullement prouvé ni probable ; et si l'on admettait l'existence de cette ancienne race, d'où qu'elle vînt, il serait difficile de la reconnaître aujourd'hui. En effet, elle se distinguait, dit-on, par une robe noir de jayet et l'on sait que les chevaux dits percherons sont presque tous aujourd'hui blancs ou gris. Il nous est souvent arrivé, en observant dans nos chevaux de trait les lignes de l'encolure, la forme de la tête et surtout cette finesse de la peau et des crins, si singulière dans une pareille race, de nous demander s'ils n'avaient pas du sang oriental dans les veines ; mais nous ne voyons pas que ces caractères soient plus prononcés dans ceux qui viennent du Perche et de la Beauce. Sans doute on peut discerner, chez nos chevaux de trait, suivant qu'ils sont nés et ont été nourris en Normandie, dans la Picardie, l'Artois, le Boulonnais, la Bretagne, le Poitou, etc., certaines particularités qui sont le résultat du terroir ; mais il est impossible de ne pas reconnaître en eux un grand air de famille, une ressemblance générale qui, maintenue depuis des siècles, suffirait pour indiquer une origine commune et l'identité du type. Nous ajoutons que s'il est vrai que le plus grand nombre de chevaux vendus comme percherons ne soient pas nés dans le Perche, mais, quoique provenant de diverses provinces, se ressemblent assez pour qu'après avoir été soumis au même régime, ils soient tous considérés comme percherons et ne puissent être distingués entre eux, c'est à nos yeux une preuve nouvelle et concluante que tous ces chevaux, nés ou non dans le Perche, sont de la même race ;

si ce n'est pas la race percheronne, c'est la race française de trait qu'on retrouve partout avec le même type et les mêmes qualités, à part certaines particularités produites par le terroir, dans le nord, l'est, le nord-est et le nord-ouest, et dont les produits les plus nombreux et les plus estimés naissent en Normandie, dans le Boulonnais, l'Artois, la Picardie, la Bretagne, le Perche et la Beauce.

Nous attachons donc peu d'importance à la classification de nos chevaux de trait, suivant les provenances, et nous ne croyons pas nous mettre en contradiction avec les principes que nous avons exposés, en admettant que ces divers chevaux peuvent sans inconvénient s'allier entre eux, Il nous semble en effet qu'on peut leur appliquer *à fortiori* ce que M. le général Daumas a dit des chevaux qu'on trouve dans les diverses contrées de l'Orient : « C'est une même grande famille qui se confond dans l'origine, qui se modifie, en s'étendant et se déplaçant sous l'influence des différences de climat, peu sensibles d'ailleurs. » Si cela est vrai pour des chevaux nés les uns en Asie, les autres en Afrique, et qui, si on peut leur supposer une origine et un type communs, sont séparés et sans alliance depuis un grand nombre de siècles, n'est-ce pas encore plus vrai pour nos chevaux de trait, chez lesquels la communauté d'origine et de type est encore plus certaine et qui sont nés et nourris dans des régions limitrophes ou aussi rapprochées, aussi analogues que le Boulonnais, la Normandie, le Perche, la Bretagne? Dans notre pensée, en alliant les chevaux de trait normands, percherons ou boulonnais, qui se ressemblent d'autant plus qu'ils sont plus beaux, ou en compensant les uns par les autres les caractères respectifs qu'on leur attribue, on agit non par voie de croisement, mais de sélection sur l'ensemble d'une seule et même race. Seulement, par la force des choses et la diversité des besoins, cette race, tout en conservant son unité, s'est depuis des siècles divisée de fait en deux branches, distinguées seulement par la taille, l'une destinée à la diligence, à la poste, à ce qu'on appelle le moyen trait, l'autre réservée pour l'emploi de limonier dans le gros roulage ; et c'est surtout dans cette seconde branche que l'unité et la pureté de la race nous paraissent le plus évidentes, ce qui apporte une preuve nouvelle à l'appui des idées que nous avons émises sur les effets des croisements, car les proportions exceptionnelles de ces limoniers excluent les croisements et restreignent les alliances à un petit nombre de familles chevalines. Ainsi, pour nous, les chevaux de trait sont aujourd'hui la seule race française, la race nationale, le fond même de notre richesse chevaline, que nous ne devons à personne, qui est incorporé au sol, qui ne nous a jamais manqué et que nous retrouvons toujours. Nous n'hésitons pas à croire cette race sans rivale et nous ne connaissons aucun pays qui puisse lui en opposer une équivalente. On sait qu'on ne trouve rien de semblable dans les péninsules Ibérique et Italique. Les Pays-Bas, le nord et l'est de l'Europe possèdent de fortes races, mais qui ne réunissent pas aux mêmes degrés cette pureté persistante de sang, cette régularité de formes, ces lestes allures, cette rusticité, cette énergie, cette intelligence. L'Angleterre même, le pays des chevaux par excellence, qui a su approprier ses races magnifiques à des usages si divers, peut, il est vrai, se parer de splendides chevaux de trait qui réjouissent l'œil du connaisseur et enorgueillissent le cœur du maître, et cependant notre vieille race gauloise n'a rien à envier, selon nous, à ces beaux produits de l'industrie et de la richesse britanniques.

Pour ne parler que des plus cités, quiconque a visité la capitale du Royaume-Uni a pu contempler les fameux chevaux qui transportent le charbon de terre dans les divers quartiers de Londres et ceux qu'on nourrit dans ces brasseries dont l'enceinte est celle d'une ville et où toute chose affecte des proportions colossales. On dit que la race de ces chevaux a été, dans l'origine, importée du Jutland et que les dimensions qu'elle a acquises sont dues à la sélection. Tels qu'ils sont, ils ne déparent pas l'ensemble gigantesque dans lequel ils sont destinés à figurer. Leur taille dépasse souvent deux mètres au garot. Leur tête est relativement petite, peu accentuée, mais bien conformée, rappelant celle du mouton anglais, la crinière épaisse et rude, tombant jusqu'aux genoux, la queue fournie et traînante, le rein ensellé, les formes pleines et rondes, les membres énormes, mais empâtés, les pieds monstrueux, la robe généralement noire. La placidité de ces chevaux géants, toujours respectés par le fouet, n'est égalée que par le flegme imperturbable de leurs conducteurs, dont la main libérale leur prodigue à pleines crèches l'orge, le son et tous les plantureux résidus de la brasserie ou entretient avec amour le lustre de leur robe miroitée. Ces superbes animaux, dans lesquels tout bon Anglais se mire et s'admire, traversent Londres, *d'un pas tranquille et lent*, semblables à des monuments qui marchent, traînant par leur seul poids des wagons dignes d'eux; mais nous doutons qu'on pût leur demander les prodigieux coups de collier que nos boulonnais ou nos augerons ne refusent jamais.

Voyez sur le penchant de ces rues escarpées et tortueuses qui conduisent vers quelques-unes des anciennes barrières de Paris, un de ces longs haquets sur lequel d'immenses pierres de taille vacillent menaçantes, et à peine retenues par une chaîne, ou quelquefois par une simple corde ; examinez ce grand limonier qui soutient les brancards[1], admirez l'ardeur, le courage patient et indomptable avec lesquels il gravit ces pentes si raides, l'adresse avec laquelle il manœuvre dans les tournants, la solidité avec laquelle il résiste aux assauts de ces charges énormes et imprime, dans les descentes, son ongle crispé, revêtu d'un fer usé, sur le pavé plombé et glissant, supportant seul alors, sur ses vastes reins, tout ce poids qui se précipite. Sous le tissu d'une peau fine, d'un poil ras et soyeux, on voit jouer et se contracter des muscles puissants, saillir et s'entrelacer le réseau des veines où court un sang riche et généreux; les membres sont dépouillés de toute graisse parasite, les tendons se détachent comme chez un coursier du désert; la robe est généralement grise ou truitée; les côtes rondes et solides ne sont pas ébranlées par les rudes atteintes des brancards armés de fer; le rein est court, la croupe large et carrée; remarquez cette épaule profonde, cette vaste poitrine où l'air s'engouffre et détonne comme dans un soufflet de forge, cette encolure sèche et nerveuse, ombragée de crins ondoyants, qui s'élance d'un garot élevé et tranchant et que surmonte une tête décharnée, animée par des oreilles vives et mobiles, tête au front large, aux yeux étincelants d'intelligence et d'ardeur, aux naseaux enflammés, au chanfrein droit, et qui fait songer à la tête classique des immortels chevaux de Phidias. Les vaillants limoniers qui joignent à cette force et à ce courage incomparables la docilité et la sobriété naissent, de toute antiquité, les uns en Normandie, particulièrement dans les riches pâturages de la vallée d'Auge, les autres dans le Boulonnais, l'Artois et la Picardie. Les marchands distinguent ces deux provenances, y voient deux races, connues sous les désignations génériques d'Augerons et de Boulonnais, et leur attribuent des caractères un peu différents, d'où il résulterait que les augerons seraient généralement plus harmonieux et plus allongés de forme que les boulonnais. Nous considérons ces prétendues différences comme contestables et peu importantes; il nous est impossible de découvrir dans ces grands limoniers, qu'ils viennent de la Normandie ou du Boulonnais, deux types distincts, et nous croyons inutile de revenir, à cet égard, sur ce que nous avons dit de la race de trait en général, par les raisons que nous avons données plus haut et que, mieux encore que les autres familles de chevaux de trait, ils nous semblent justifier. Ils se reproduisent par eux-mêmes sans soins particuliers, sans protection spéciale. C'est un produit éminemment agricole et privé. Moins heureux que les che-

[1] M. Magne, déjà cité par nous, déclare avoir vu un limonier augeron du poids de 715 kil., dont les harnais, collier, sellette et courroies pesaient 90 kil.; le collier seul 40 kil.

vaux de trait de l'Angleterre, une fois mis au travail, ils sont communément traités avec une rigueur extrême; on abuse de leurs forces, ils sont livrés aux charretiers les plus brutaux, on peut dire les plus féroces, qui, toujours ivres, font du fouet un instrument de torture et quand, malgré leur indomptable courage, ces fiers chevaux s'arrêtent sous une charge exorbitante, ne savent que les martyriser avec une obstination stupide; qu'on a vus même, quand le fouet était impuissant, employer jusqu'au couteau. Pour nous, quand nous songeons que cette famille chevaline se conserve par elle-même si pure, si fière et si distinguée, depuis tant de siècles, dans cette dure condition; quand nous observons combien elle reste active et leste, malgré ses proportions colossales, nous sommes tenté de voir là une de ces déchéances qui sont l'œuvre de la fortune et contre lesquelles la nature et le sang protestent; nous nous demandons si ce ne sont pas les descendants de ces *grands chevaux*, l'honneur et la force de la gendarmerie française aux XIVe et XVe siècles, de ces destriers que l'homme d'armes ne montait qu'au moment de la charge, et qui étaient nommés ainsi parce que l'écuyer ou le page les menait en main, à sa droite (dextra). Sans insister sur cette hypothèse, nous n'hésitons pas à considérer ces limoniers comme formant la branche la plus précieuse de cette race française de trait dont nous avons essayé de démontrer l'inappréciable valeur.

Il nous reste à indiquer sommairement dans quelle voie, suivant nous, il convient de marcher, pour tirer parti des richesses patrimoniales ou acquises de la France et les accroître, relativement à l'espèce chevaline. Notre pensée sur ce point ressort avec assez d'évidence des faits et des idées que nous avons été conduit à exposer, pour nous permettre de nous borner à un simple résumé. Ce n'est pas ici le lieu de traiter une question depuis longtemps débattue et qui est brûlante, au moment où nous écrivons, celle des haras. Malgré les attaques très vives dont cette administration est l'objet, nous ne croyons pas que personne méconnaisse les services considérables qu'elle a rendus ni ait la pensée qu'on puisse s'en passer dans notre pays. Tout le monde comprend, nous l'espérons du moins, les différences profondes qui séparent, sous le rapport de la production chevaline, d'une part, l'Angleterre où l'individualisme et l'esprit d'association remplacent avec avantage l'initiative gouvernementale, où la passion des chevaux est répandue dans toutes les classes, et où des fortunes princières maintenues, depuis des siècles, par le droit d'aînesse, dans les mêmes familles, leur permettent de satisfaire ce goût dans une large mesure; et, d'autre part, la France, où l'impulsion gouvernementale est toujours nécessaire, où la passion des chevaux est exceptionnelle, où la propriété est divisée à l'infini par l'égalité des partages, où tout est démocratisé profondément, les goûts aussi bien que les fortunes. Si avant 1789, quand la centralisation administrative que nous a léguée la révolution ne florissait pas encore et n'avait pas encore supprimé en France, avec les institutions provinciales et la distinction des classes, toute initiative privée, quand il existait encore des grands seigneurs et des familles militaires chez lesquelles le goût des chevaux se transmettait de père en fils, comme en Angleterre, avec de vastes domaines et les haras qu'elles y avaient créés; si même dans l'ancienne France, l'intervention du gouvernement était nécessaire, pour encourager et diriger la production des chevaux, et si dès lors il existait une administration des haras, comment pourrait-on s'en passer aujourd'hui? Il n'y a donc, nous le croyons du moins, matière à discussion que sur la manière dont s'exercera l'action gouvernementale, représentée par l'administratien des haras, et sans entrer dans cette discussion, nous ne pouvons nous défendre de remarquer, en passant, combien les adversaires les plus ardents de cette administration sont loin de s'accorder dans leurs attaques et dans l'expression de leurs vœux. En effet, tandis que les uns l'accusent de trop faire et de paralyser par une concurrence inégale l'initiative de l'industrie privée, les autres reprochent au gouvernement de ne pas faire assez, et voudraient qu'au lieu de borner ses soins à la conservation des races pures, par la multiplication des reproducteurs, il produisit des chevaux de demi-sang, c'est-à-dire des chevaux de service, ce qui évidemment rentre dans le domaine de l'industrie privée. Quant aux partisans de ce qu'ils appellent les *races de demi-sang*, nous avons suffisamment fait connaître notre pensée sur l'impossibilité de les satisfaire et nous croyons inutile d'insister sur le véritable non-sens que présente cette expression.

Pour terminer, nous résumerons ainsi qu'il suit les principaux moyens qui nous paraissent propres à développer la richesse chevaline de la France :

Conserver précieusement et multiplier la race anglaise dite pur sang telle qu'elle est naturalisée ; poursuivre concurremment la naturalisation de la race orientale, importer sans relâche des étalons et des juments de cette race, choisis avec soin par des hommes spéciaux, en Asie et en Afrique ; se procurer, s'il est possible, des reproducteurs turkomans qui, à raison du climat qui les produit, de leur taille élevée et de leur conformation, conviendraient également au midi et au nord de la France.

Pour le maintien et le développement des qualités qui distinguent les races importées, continuer à encourager les courses, qui seules ont créé et conservé dans toute son énergie, en Angleterre, la race dite pur sang. On a prétendu au Corps législatif, l'année dernière, que « les étalons qui sont entre les mains des particuliers, épuisés de très bonne heure par la fatigue excessive des courses, sont presque tous impropres à remplir leur mission reproductrice. » Or, quiconque a un peu étudié les chevaux de pur sang sait qu'aussitôt qu'ils cessent d'être soumis au régime spécial de l'entraînement ils engraissent promptement et tendent à prendre une ampleur de formes qui les fait ressembler quelquefois à des chevaux d'attelage; que d'ailleurs leur santé est plus régulière et leur vie plus longue que celle des autres chevaux, ce qui s'explique physiologiquement, puisque leur organisation est plus parfaite et plus énergique, que leurs tissus sont plus solides, leurs os plus durs et plus lourds.

Eclypse et tous les étalons les plus fameux de cette race n'ont été employés comme reproducteurs qu'après avoir fourni une longue et glorieuse carrière sur les hippodromes, et ont donné des produits dignes d'eux dans un âge très avancé. Du reste, grâce à Dieu! les courses n'ont plus besoin d'être défendues en France contre des préjugés surannés; si un philosophe prouvait le mouvement en marchant, l'utilité des courses se prouve en courant, et bien que nous n'en soyons pas encore arrivés à voir, comme en Angleterre, les tribunaux et le parlement vaquer, toute affaire cessante, pour assister aux luttes du Derby, nous constatons avec plaisir que les courses sont définitivement entrées dans nos mœurs[1].

Des reproducteurs de pur sang appropriés aux diverses parties du territoire leur étant assurés par les procédés que nous venons d'indiquer, il reste à développer la production des chevaux de service, guerre, selle et attelage de luxe, par les croisements à divers degrés avec les étalons de race pure, savoir : l'étalon arabe dans le midi, l'étalon anglais dans le reste de la France, le turkoman partout[2]. Quant à la race indigène, à la race nationale de trait, nous

[1] M. le général Daumas, d'après le témoignage d'Ad-el-Kader, le docteur Perron et M. Prisse d'Avenne, dans les ouvrages et les articles de la *Revue* que nous avons déjà mentionnés, nous ont appris que c'est par le même procédé que la race arabe a développé et conservé sa supériorité dans son pays natal; que les pratiques les plus minutieuses de l'entraînement sont en usage chez les Arabes de temps immémorial, que les courses y sont toujours suivies, et que, lorsqu'ils régnaient en Egypte, ils leur avaient donné, dès le IXe siècle, un éclat qu'elles n'atteindront peut-être jamais, même en Angleterre.

[2] Il est entendu que nous répudions ce que ces indications pourraient paraître avoir de trop absolu dans l'exécution, et que nous réservons les exceptions de détail qui ne pouvaient trouver place dans le cadre de ce résumé. Ainsi, à côté de la race de trait, la Bretagne produit de petits chevaux chez lesquels on retrouve le type oriental, et qui ressemblent beaucoup à ceux des pays slaves, avec lesquels ils ont peut-être une origine commune, car ces étranges bidets des landes armoricaines nous font l'effet de dater de l'immigration des Kymris. Ces chevaux, sobres et infatigables, seraient excellents pour la cavalerie légère, si leur taille était élevée de quelques centimètres et s'ils perdaient l'habitude de l'amble, qui, dans cette race, est héréditaire et obstinée. Ici le croisement

avons suffisamment indiqué qu'à notre avis elle doit continuer à se maintenir par elle-même, en tenant plus compte, dans les alliances, du rapport des tailles et de la conformation que des provenances, et en ne perdant pas de vue que, s'il n'y a jamais d'inconvénient sérieux à ce que le mâle soit moins grand et moins étoffé que la femelle, la combinaison opposée donne presque toujours des produits décousus et de proportions vicieuses[1].

Mais pour développer la production des chevaux de toute nature, il ne suffit pas d'avoir des reproducteurs de race pure, il faut encore que l'industrie privée soit conduite à s'en servir, à produire le plus possible, à donner à ses produits les soins et la nourriture sans lesquels le sang le plus noble ne suffit pas à faire de bons chevaux ; enfin, à produire surtout des chevaux propres aux services de l'armée, car c'est là le plus élevé, le plus national des intérêts qui se rattachent à cette question.

La mesure la plus urgente pour atteindre ce but complexe serait la suppression des étalons non autorisés, la plupart abâtardis, défectueux et tarés qui parcourent les campagnes et qui sont connus sous la désignation d'étalons rouleurs. Il est évident que tous les soins et les sacrifices que s'imposerait l'Etat pour l'amélioration de l'espèce chevaline demeureraient stériles si on laissait plus longtemps circuler ces reproducteurs interlopes qui en venant s'offrir, et s'offrir au rabais, tentent le fermier par une double économie de temps et d'argent ; et nous ne pouvons que nous associer aux vœux exprimés, à cet égard, par M. le baron de Pierres, dans l'écrit remarquable qu'il a publié récemment sur la question des haras.

Cet obstacle étant écarté, le moyen le plus direct d'encourager la production dans le sens indiqué est d'élever le montant des primes et de les appliquer de manière à ne pas intéresser seulement l'amour-propre des éleveurs, mais à leur offrir une rémunération au moins partielle des quatre ou cinq années de soins et de sacrifices que la production des chevaux impose avant la vente, et, par suite, un encouragement à donner à leurs poulains les soins convenables et à les nourrir au grain, autant que possible.

Mais si l'Etat, comme tuteur souverain des intérêts généraux et comme administrateur de la fortune publique, doit et peut encou-

avec l'étalon arabe donne de très bons résultats. Les reproducteurs orientaux peuvent donc quelquefois être employés utilement dans le nord, comme l'étalon anglais dans le midi.

[1] Chez le bardeau, produit par le cheval et l'ânesse, dont le père est dès lors habituellement plus grand que la mère, ce défaut de proportions est souvent poussé jusqu'à la difformité, tandis que le produit de l'âne et de la jument est bien proportionné et suivi dans ses formes.

rager la production des chevaux de service par ces moyens directs, peut-être lui est-il possible de faire plus encore, par voie indirecte, en sa qualité du plus grand de tous les consommateurs de chevaux. Nous croyons qu'il suffit pour cela de prendre de haut cette grave question de la remonte et de faire entrer dans la balance des profits et pertes les intérêts permanents de l'empire et les éventualités de guerre. Il faut donc, à notre avis, que l'administration de ce département ait pour système d'acheter trop de chevaux et de les acheter trop cher : c'est-à-dire que les achats annuels ne doivent pas être limités par les besoins du moment, mais maintenus, quels que soient ces besoins, à un chiffre fixe et normal, qui puisse servir de base aux opérations des éleveurs et les engager, en assurant un écoulement régulier à leurs produits, à maintenir et à développer, de leur côté, leur production. En second lieu, il faut que les crédits affectés à cette nature de dépenses permettent aux officiers chargés de la remonte de se mouvoir dans une moyenne assez large pour qu'ils puissent toujours payer les chevaux de manière à rémunérer complétement l'éleveur, quelquefois même au-dessus du prix vénal.

M. le baron de Pierres, dans l'écrit précité, remarque que « le prix moyen du cheval de remonte ne dépasse pas *sept cents francs*; que le prix moyen du bon cheval de trait atteint et dépasse même *neuf cents francs*, » et il ajoute : « Comment l'éleveur ne se laisserait-il pas séduire par cette différence? Du jour où il y aura pour lui bénéfice à élever le cheval plus léger, il le fera d'autant plus volontiers que, dans cette espèce, il réussira quelquefois à produire des sujets dignes d'être achetés par le luxe..... » Le rapprochement de ces deux chiffres nous paraît suffire pour justifier notre proposition, savoir que l'administration de la guerre doit, par système, acheter trop de chevaux et les acheter trop cher, sous peine de voir incessamment décroître les ressources de la remonte. Nous ajoutons que ce système n'est pas seulement bon et nécessaire, au point de vue des intérêts généraux, pour développer la production agricole et la puissance politique du pays, mais, qu'en fin de compte, il doit aboutir à un bénéfice net et qui compensera et au delà, même au point de vue purement financier, les sacrifices temporaires assumés par l'Etat. En effet, l'application de ce système, en soutenant et en surexcitant la production des chevaux propres à la remonte, doit avoir pour effet d'assurer la baisse successive des prix, en raison inverse du développement de cette production : les sacrifices de l'administration doivent donc décroître après une certaine période. En second lieu, comme par l'effet de la concurrence, on ne peut produire plus sans produire mieux, l'amélioration successive des chevaux de remonte, résultant de l'application de ce système, devient la source d'énormes économies, par la réduction des frais qu'imposent à l'administration le dressage, les maladies et les remplacements. Enfin si l'administration de la guerre, en ne subordonnant pas à ses besoins annuels le chiffre de ses achats, semble s'imposer, dans le présent, une charge gratuite et excessive, cette charge est d'abord allégée par l'excellente mesure qu'elle a adoptée de placer les chevaux sans emploi en pension chez les cultivateurs; ces sacrifices sont surtout largement compensés le jour d'une déclaration de guerre, où ils mettent à la disposition du gouvernement une nombreuse réserve de chevaux faits, tout prêts à servir, qui frappe d'impuissance les prohibitions de l'étranger et affranchit l'État des achats d'urgence et à tout prix.

Tels sont les moyens généraux par lesquels il nous semble que la France peut arriver, en s'appropriant les ressources des autres contrées, spécialement les expériences dès longtemps accomplies et les résultats obtenus en Angleterre, à s'affranchir de l'étranger dans l'avenir, à développer toutes les richesses du pays, à suffire à tous ses besoins les plus variés, en paix comme en guerre, et même à frayer les voies à une exportation importante, en rendant une partie de l'Europe tributaire de notre production.

Paris. — Impr. de Dubuisson et Cᵉ, rue Coq-Héron, 5.

www.ingramcontent.com/pod-product-compliance
Ingram Content Group UK Ltd.
Pitfield, Milton Keynes, MK11 3LW, UK
UKHW022128260726
13993UKWH00003B/1303

9 782329 271248